時尚型男

保養造型BOOK

徹底比較男性和女性的觀點差異！

這樣的男性擁有較高的好感度！

男女之間對男性感到「高的好感度」的差異何在呢？對於清潔的要點或好印象的西裝也有差異嗎？各以男女300人的問卷調查，徹底分析男女的觀點差異。

Q 問卷調查的對象？

工作、情感皆得意

escala café

■女性問卷調查

募集55萬上班族女性，在WEB網站『escala café http://escala.jp/』實施。

■男性問卷調查

在以年輕社會人士為對象的商務網站『COBS ONLINE http://cobs.jp/』實施。

徹底調查男性和女性的差異！

Q 降低好感度的原因？

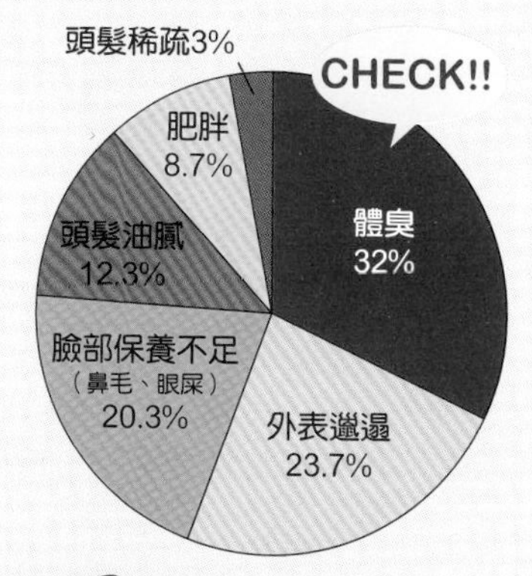

女性的聲音 **女性對體臭敏感！**

女性最在意的是「體臭」！
各位男性，您的除臭保養沒問題嗎？

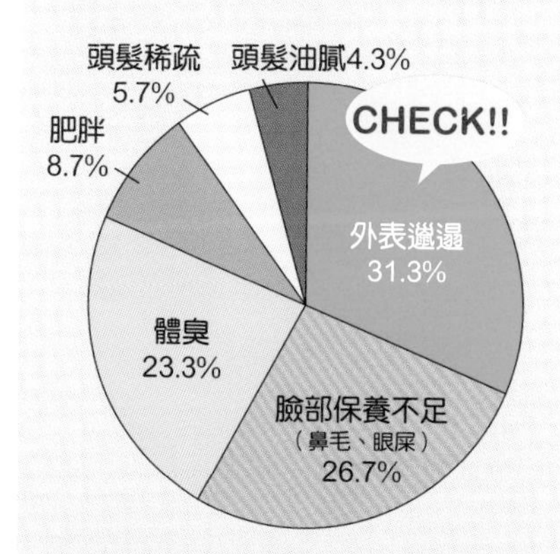

男性的聲音 **男性是在意「外表」！**

注意外表或臉部等「外觀」，是男性的特徵。

與其在意「外表」，不如首先講求體臭對策才重要！

相對於在意外觀「外表」的男性，女性最在意的是體臭。為了不讓女性降低對您的評價，最重要的是對體臭的對策。

Q「漂亮臉孔」的條件為何？

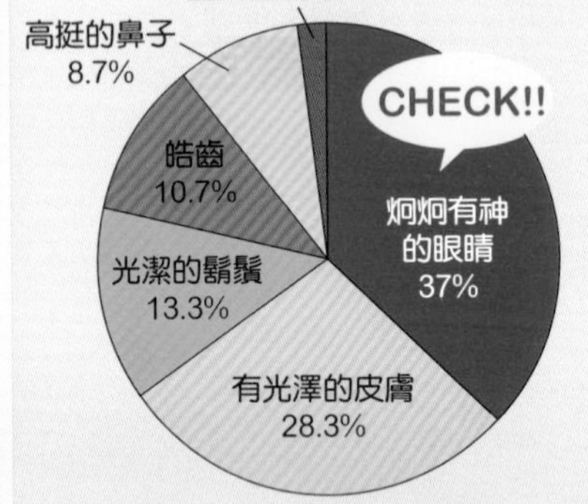

女性的聲音 漂亮的眼睛會說話

正如所謂「雙眸比嘴更善於說話」的意見，女性對「雙眸」給予更大的注目。

高挺的鼻子3.3%
炯炯有神的眼睛 9.7%
CHECK!!
有光澤的皮膚 30%
整齊的眉毛 15.7%
皓齒 16%
光潔的鬍鬚 25.3%

男性的聲音 以身體保養作為重點

有光澤的皮膚，是男性所憧憬的。似乎每天都會很努力保養身體。

臉部保養&身體保養篇

無論如何都要注意「清潔」的，就是臉部和身體。防止體臭是當然之事，但也要充分留意「外觀」。

男女對臉部保養的認識差異極大！

在身體保養上該留意的要點，男女都一致認為是「體臭」。防止體臭極為重要。可是，男女對臉部保養所留意的要點則有差異，必須注意。

Q 最低限度的身體保養為何？

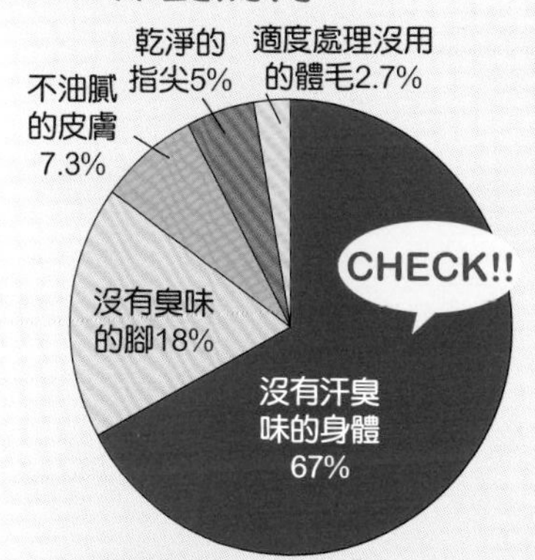

女性的聲音 總之不喜歡有異味

無論身體或腳，總之對於發出臭味的男性，會給予女性嫌惡感。

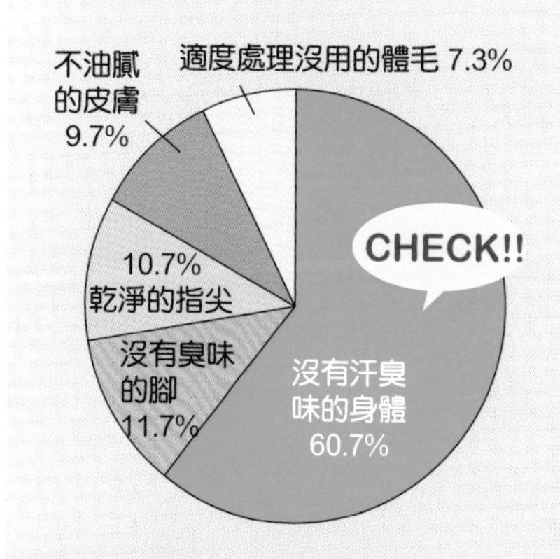

男性的聲音 留意對體臭的對策

男性是重視沒有汗臭味的身體。這是和女性答覆一致的重點。

Q 降低對男性評價的問題皮膚為何？

青春痘或滿臉皮膚凹凸不平 55.3%
皮膚油膩 34%
CHECK!!
毛孔發黑 7%
皮膚粗糙乾燥 3.7%

0 10 20 30 40 50 60

女性的聲音 不乾淨是不行的

給予女性評價不佳的問題皮膚，是「不乾淨」。請注意青春痘、油膩的肌膚。

青春痘或滿臉皮膚凹凸不平33% 33%
皮膚粗糙乾燥 27.7%
CHECK!!
皮膚油膩 24.7%
毛孔發黑 14.7%

0 10 20 30 40 50 60

男性的聲音 男性討厭乾燥！

皮膚乾燥被列為第2位。各位男性，女性重視清潔感更甚於乾燥皮膚。

服飾篇

對男性而言，必須的是能整潔穿著西裝。學習具有魅力的西裝造型。

男性注意領帶，女性注意色調的使用

相對於男性對西裝的造型，女性是對襯衫、全身都很注意「色調」。請好好學習本書所介紹的色調搭配。

Q 時尚西裝的得體穿法為何？

領帶夾等小飾品2.3%
西裝的款式 9.3%
CHECK!!
感性的襯衫花紋、色調 25%
領帶的選擇 19.7%
整體色調的使用 23.3%
周延的皮鞋保養 20.3%

女性的聲音 女性在意「色調」

襯衫、西裝的整體搭配等，女性是注意色調的使用。

領帶夾等小飾品 2.3%
周延的皮鞋保養 11.7%
CHECK!!
領帶的選擇 30.7%
西裝的款式 16.3%
感性的襯衫花紋、色調 19%
整體色調的使用 20%

男性的聲音 在意領帶的選擇

男性是以領帶的選擇，來演出西裝的時尚感。

Q 降低良好形象的頭髮問題為何？

白髮0.3%

稀疏的頭髮 14.3%

CHECK!!

頭皮屑 33%

油膩＆怪味 52.3%

女性的聲音 油膩是「不潔」的印象

油膩或散發怪味的頭髮，都會遭到女性強烈拒絕！頭髮油膩的男性，務必注意。

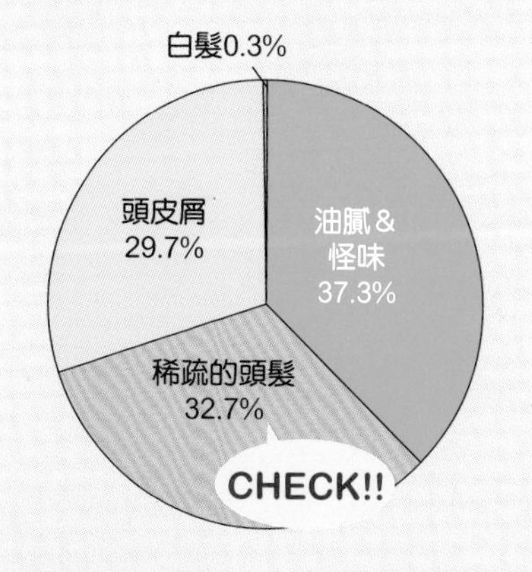

男性的聲音 還是在意稀疏的頭髮！

「稀疏頭髮」是占第2位。超乎男性的想像，女性並不會很討厭稀疏的頭髮。

護髮＆造型篇

成為充滿壓力的社會人士之後，頭髮的問題也會漸漸增加，請多留意。

給人不潔印象的油膩＆怪味帶來壞印象

無論油膩或頭皮屑，都會給予女性不潔的印象，會受到嚴厲視線的注目。男性與其在意稀疏的頭髮，不如首先注意清潔。

時尚型男保養&造型Book

快速、簡單！
1分鐘專欄
1min Column

LESSON 1

搖身變成「清潔」男士的臉部保養＆身體保養 15

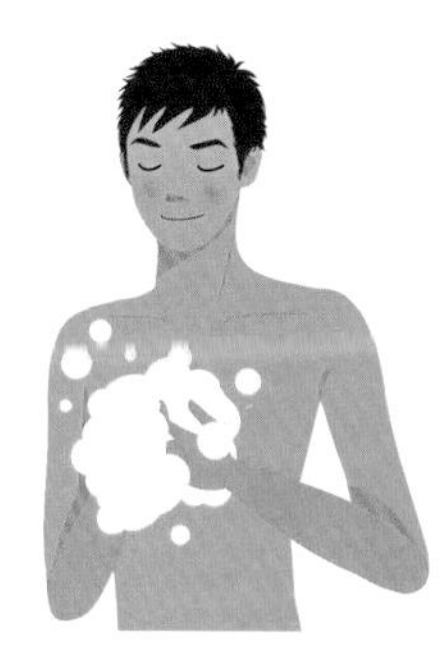

LESSON 2

上班、假日都顯現俐落的男人 服飾穿著技巧 59

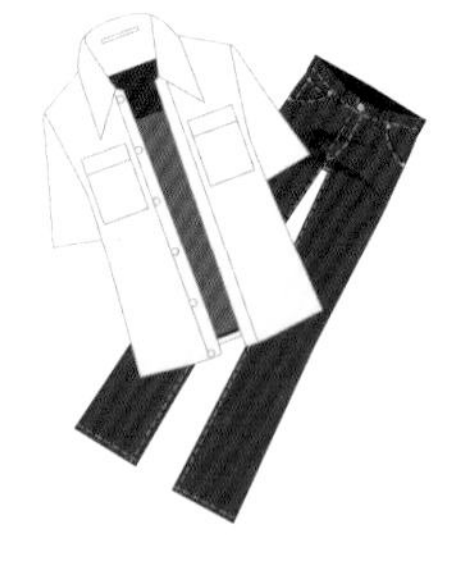

LESSON 3 急速提升好感度！護髮&造型 103

簡單俐落確認須注意的要點！一目了然！

「1分鐘」檢查儀容

臉部保養&身體保養篇

沒有怪異臭味，是俐落男性的大前提。
接著，是注意對身體各部位的保養。

①有光澤&滑潤的護膚
⇒18頁

②有自然感的眉毛修剪保養
⇒24頁

③清潔的鬍鬚修整
⇒26頁

④皓齒&口臭的保養
⇒30頁

⑤眼、鼻、耳的重點保養
⇒34頁

⑥腋汗對策
⇒44頁

⑦腳臭的保養
⇒46頁

⑧手&指甲的保養
⇒48頁

■要求萬全的體臭對策

抑制體臭或汗臭味的體臭對策，是男性的必修科目。以清爽的香氣，提升男性的品味。

服飾篇

穿衣服的品味，也被視為上班族的能力之一而受到重視，
因此要注意不要有任何的缺失出現。

❶合身的西裝
⇒66頁

❷沒有皺紋的襯衫
⇒70頁

❸正確打結的領帶
⇒72頁

❹擦亮的鞋子
⇒76頁

❺感性的工作用小物品
⇒78頁

■注意色調的搭配

留意西裝、襯衫、領帶等色調的搭配，可大幅改變給予對方的印象。

❶梳理的美髮保養
⇒110頁

❷稀疏頭髮對策
⇒112頁

❸沒有頭皮屑的清潔頭髮
⇒114頁

❹油膩＆怪味的對策
⇒116頁

❺看起來老態的白髮對策
⇒118頁

■每天洗髮很重要

雖有各式各樣的頭髮保養，但基本的是每日的洗髮。不要偷懶，要確實做到。

護髮＆造型篇

不能缺少保養的是「頭髮」。注意經常保持「清潔」，
是頭髮問題的最佳預防＆解決對策！

本書的記號介紹&注意事項

解說出現在本書的記號！和「注意」一起確認。

1分鐘技巧

介紹僅花1分鐘就完成儀容的整理。務必熟讀。

俐落技巧

介紹不用花費1分鐘，就能迅速整理儀容的技巧。

基本技巧

介紹作為基本的儀容整理技巧。任何事都以基本為最重要，務必牢記。

再推一步的技巧

介紹編輯部獨自採訪所發現的再推一步的技巧。

提升一級

介紹即使多花一點時間也要進行，朝向更上一層的男性的儀容整理。

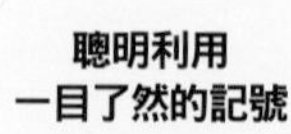

聰明利用
一目了然的記號

刊載在本文中照片的廠商如下

（Ara）＝Aramisu
（Ari）＝株式會社Arimino
（U）＝株式會社Utena
（S）＝株式會社SPR Japan
（大塚）＝大塚製藥株式會社
（貝）＝貝印株式會社
（花）＝花王株式會社
（C）＝＝Clinique Laboratories株式會社
（黑）＝株式會社黑薔薇本舖
（Ke）＝Kenkocom株式會社
（資）＝資生堂
（資藥）＝資生堂藥品
（Sch）＝Schick Japan株式會社
（Jo）＝Johnson and Johnson株式會社
（Gile）＝Giletto Japan
（大三）＝大三株式會社
（大正）＝大正製藥株式會社
（Taka）＝Takamilabo
（Touch）＝Touch六本木Hills店
（D）＝DHC
（日）＝株式會社日本齒科商社Healthtech
（Ho）＝株式會社House of Rose
（松）＝松下電器產業株式會社
（Ma）＝株式會社Manner Cosmetics
（Man）＝株式會社Mandom
（Mo）＝株式會社毛髮Clinic Reab21
（U）＝Unilever Japan株式會社
（Li）＝Lion株式會社
（Rea）＝Real化學株式會社
（Ro）＝Rohto製藥株式會社

請注意 刊載於本書的商品，均由編輯部採訪所介紹的。有關刊載商品的使用，請詳細閱讀各商品的成分和注意事項後再使用。

Lesson 1

搖身變成「清潔」男士的

臉部保養 & 身體保養

臉部保養	身體保養
・洗臉技巧	・身體的清洗技巧
・皮膚的滋潤保養	・汗（體臭）對策
・眉毛的修整	・足部保養
・鬍子的修整	・手和指甲保養
・口腔保養	・修剪沒用的體毛
・重點保養（眼、鼻、耳）	・輕度訓練
・問題皮膚對策	・全身護膚
・臉部訓練	・香水的使用

FACE & BODY CARE

Lesson 1

清爽度是好印象的關鍵

搖身變成「清潔」男士的臉部保養&身體保養

以臉部保養成為清潔的賣點！

各處都不遺漏！臉部的各部位保養

眼、鼻、口、眉毛、鬍子等。解說臉部細微部分的重點保養。

P36頁 GO!!

針對粗糙的皮膚、青春痘、乾燥等眾多困擾的護膚法做解說。

變成光澤滋潤肌膚的基本護膚

每日的洗臉，是塑造理想的光滑肌膚的必須條件。搭配仔細且迅速洗臉的技巧一起，介紹給予肌膚滋潤的化妝水使用技巧。

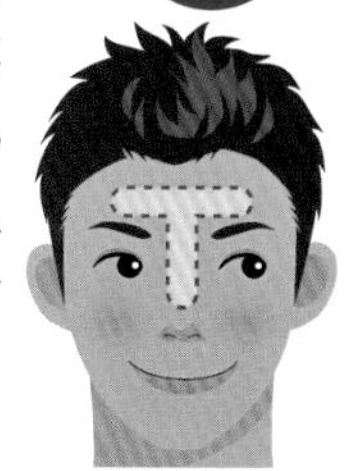

臉部肌膚沒有活力、身體有臭味……，
大家都要求「清潔」的臉部＆身體的保養，是非常重要的。
請學習可立即搖身一變給人好印象的臉部＆身體保養的技巧。

目標！清爽的男性

無體臭的身體保養

留意細部的身體各部位保養

手、腳、指甲、沒用的體毛等。充滿連細部都注意的技巧。

有彈性光澤的肌膚＆男性香水的使用技巧

P52頁 GO!!

介紹訓練、全身護膚、香水等多加一項的保養！

消除體臭和污穢的基本身體保養

P40頁 GO!!

不只是身體的污穢，連體臭或汗臭味都要注意，是身體保養的基本。以身體的清洗法＆體臭對策，即可維持清潔感。

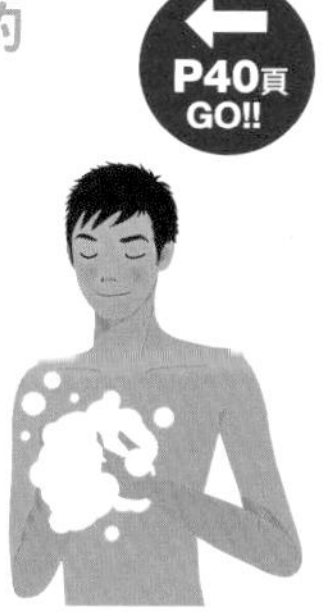

具有清潔感，受人青睞的臉孔

光澤滑潤的肌膚是每日的洗臉累積而成！

變成理想的光滑皮膚的秘訣，在於每日的洗臉！
透過仔細且正確的洗臉，使肌膚漸漸變得光潤有彈性。

1分鐘技巧！ 1min

依據皮膚類型別，選用理想的洗臉劑

皮膚的類型，是因人而異。使用符合自己皮膚的洗臉劑，即可提高洗淨力，且快速洗掉污穢。

油性皮膚

可確實洗掉多餘油脂的種類

整個皮膚經常油膩的人，選用對過剩皮脂有效果的洗臉劑。推薦使用對「毛孔發黑或青春痘、膿包」有效的洗臉劑。

●MENS Biore磨砂洗顏劑（花）

DRY

乾性皮膚

清洗後不會緊繃的種類

皮膚馬上就乾燥的人，選用清洗後不會緊繃，可洗淨污穢的種類。不損皮膚滋潤感的洗臉劑很重要。

●DHC PURE SOAPS（D）

又油又乾的皮膚

可洗淨皮脂污穢，給予皮膚滋潤的種類

整體很容易出油，但眼睛周圍或嘴巴周圍卻很乾燥的人，選用能有效洗淨皮脂污穢，且給予肌膚滋潤的種類。

●多芬　FACIAL FOAM（U）

保持清潔的臉，防止皮膚問題！

光澤滑潤的肌膚，絕非1日即可塑造而成。必須靠每日的洗臉才能造就出。

以臉部保養之基本的正確的洗臉順序，每日進行以保持肌膚清潔，才是成就光澤滑潤肌膚的第一捷徑。亦可成為皮膚問題的最佳預防對策。

KEYPOINT 滿分5顆★

- □**每日進行** 【★★★★★】
- □**正確順序** 【★★★★★】
- □**依安排** 【★★★☆☆】

每天都不能少的洗臉。以正確的順序依序進行。

學會洗臉的必須規則

只是洗臉，其洗淨效果只有一半！必須確實掌握應該把握的規則。

■注意累積皮脂的T區

在整個臉部，哪裡最容易累積皮脂或污穢呢？就是額頭和鼻線的T區。這區塊集中皮脂腺，務必仔細保養。

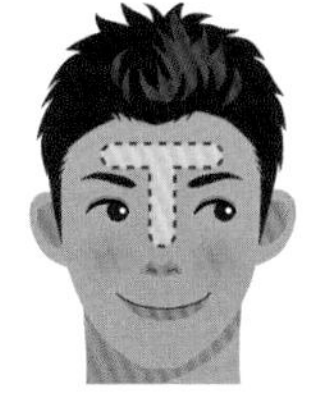

■用溫水預洗很重要

在洗臉前，必須先用溫水輕輕洗臉。用溫水洗，可讓毛孔張開，而更容易洗掉污穢。

預洗的效果 **使毛孔張開，提高洗淨力**

■選用清洗後感到清爽的洗臉劑

清洗後用手指觸摸皮膚，有彈性觸感的才是符合自己皮膚的洗臉劑。尋找最佳的洗臉劑吧！

■早、晚2次是洗臉的規則

1日2次，是洗臉的常識。早晨是要洗淨就寢期間所分泌的皮脂，夜晚是要洗淨附著在皮膚上的塵埃或污穢。

POINT

皮膚纖細的人，要特別留意磨砂洗臉劑的使用！

磨砂洗臉劑的陷阱

含有洗淨力強的磨砂洗臉劑，是不適合肌膚纖細的人使用。反而會傷害皮膚，須注意。

確認皮膚的特性後，再使用磨砂洗臉劑！

基本技巧 Basic technic

依安排進行！正確洗臉的順序

在匆忙的早晨，總是希望能盡快洗好臉。不過，還是要以正確的方法完成。依正確順序安排進行吧！

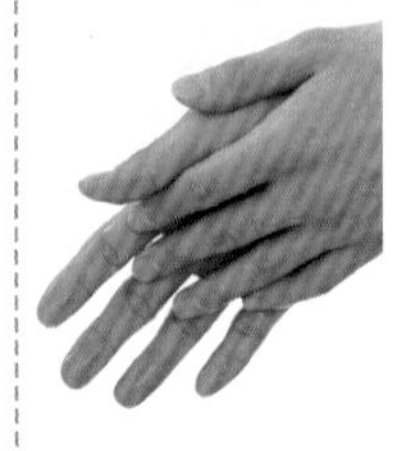

1 在洗臉前洗手，接著用溫水預洗

用髒的手洗臉是不行的。把手洗乾淨之後，用溫水沖洗臉2～3次，輕輕沖掉皮脂或汙垢。

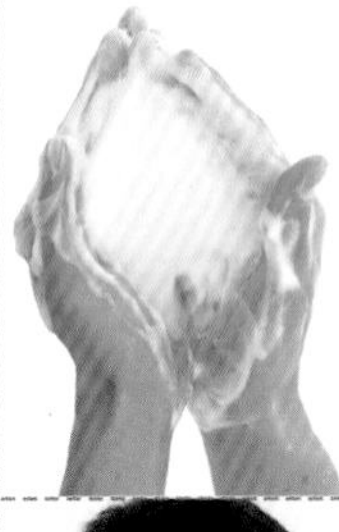

2 加溫水讓洗臉劑起泡

將洗臉劑擠在手心，加少許溫水讓洗臉劑起泡。請務必將泡沫搓細之後再塗抹較佳。

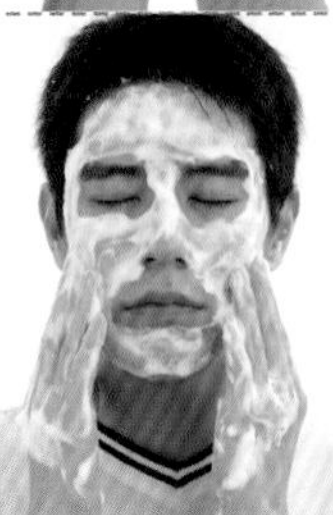

3 把泡沫塗在整個臉上

以蓬鬆的泡沫包覆汙垢或皮脂來清洗，為洗臉的基本。如覆蓋皮膚般，把泡沫塗厚一點。

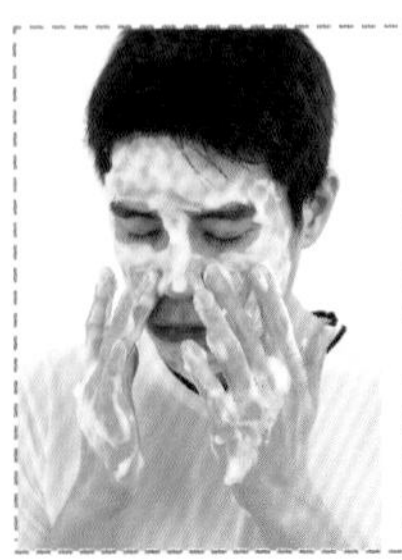

4 鼻翼側邊是用指尖來回搓洗

汙垢或皮脂容易累積在鼻翼的側邊，因此要特別用心清洗這部位。用指尖來回搓洗，以去除黑頭粉刺。

5 用溫水沖臉

以沖溫水的感覺，不要搓揉來沖掉泡沫。要確實沖洗，不要留下泡沫。

6 用毛巾輕輕擦乾水分

使用柔軟的毛巾，輕輕按壓擦乾水分。絕對不要摩擦。

學習清洗的順序

從寬廣的部位向細微的部位清洗，為洗臉的順序。從臉頰向眼睛周圍、口腔周圍移動。

→❶～❸使用所有的指腹。其他部位是用食指和中指的指腹細細摩擦。

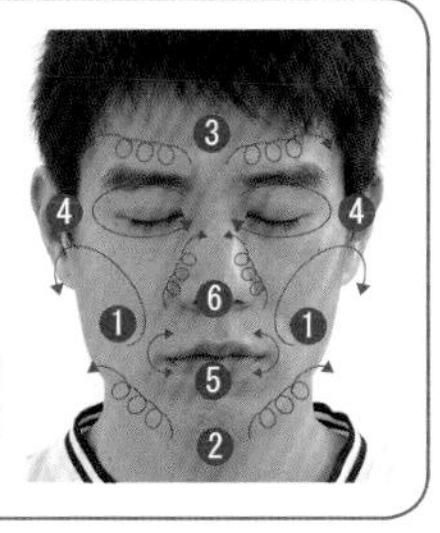

選用對肌膚溫柔且吸水性佳的毛巾

對於洗臉後的肌膚，需使用柔軟素材的毛巾。也要注意毛巾的吸水性。

●有機纖維的洗臉毛巾（Touch）

再推一步的技巧

學習起泡的要領！

很意外地，很多人都不知道「洗臉是靠泡沫洗掉汙垢」的情形。在這裡，確實地解說具有卓越洗淨力的起泡法。

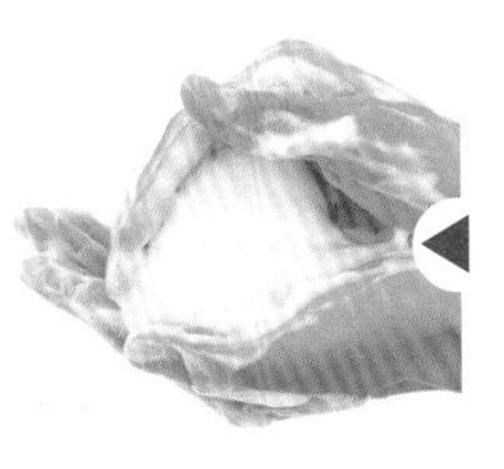

把手掌凹起來

泡沫變大以後，就把兩手的手掌拱著含入空氣，就會變成細緻的泡沫。

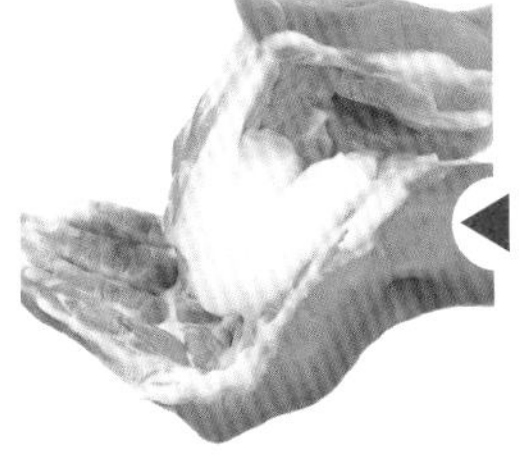

把泡沫集中在1處

起泡後，把泡沫集中在手掌上。這樣就更容易起泡了。

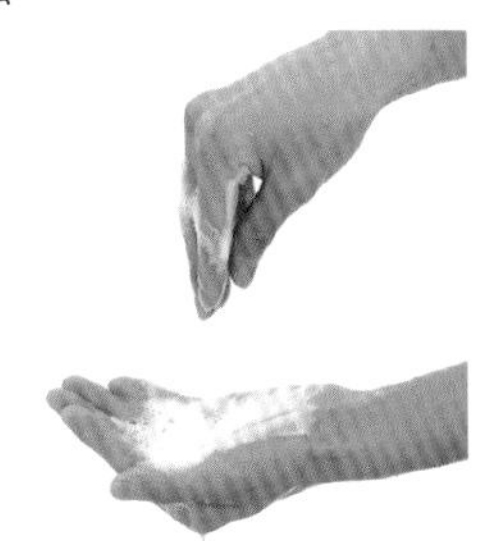

加溫水

把洗臉劑在手掌上抹開，加溫水。把手掌凹著，更能提高起泡性。

可迅速起泡！利用起泡網

把起泡網摩擦放在手上的洗臉劑或香皂，就能簡單起泡。在匆忙的早晨是非常有用的小工具。

提升一級

使用熱毛巾去除頑強的汙垢！

時間充足時，就嘗試使用熱毛巾洗臉。這樣就能確實洗掉平常洗臉所無法洗淨的頑強汙垢或皮脂。

熱毛巾的作法

① 把細長的毛巾折2折，從一邊捲起來。
② 用水打濕，輕輕擰乾。
③ 把②放在盤子上覆蓋保鮮膜，放入微波爐加熱。
每1條毛巾加熱1分鐘為基準。

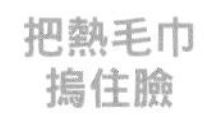

1 把熱毛巾摀住臉

把加熱的毛巾抵在臉上，慢慢燜熱約30秒。

連毛孔裡都確實清潔乾淨

這是使用熱毛巾加熱皮膚使毛孔張開的洗臉法，乾淨去除汙垢的效用相當驚人。有時間時，務必嘗試。

2 用毛巾擦掉汙垢

毛巾涼了，就用乾淨的部分輕輕擦掉皮膚的汙垢。

細緻光滑的肌膚是有秘訣的！

透過洗臉後的化妝水&保濕劑成為傲人的滑潤肌膚

化妝水可對肌膚補給水分，保濕劑則能以油分封閉水分。
聰明地使用二者，即可成為護膚的有力夥伴！

對肌膚添加滑潤 即效！化妝水的使用技巧

洗臉後，馬上以化妝水補充水分，是「滑潤」的聰明技巧。
如此即可使水分確實滲透到皮膚深處。

POINT

時間充足時，在其他部位塗抹化妝水

容易乾燥的眼睛周圍或口腔周圍、容易老化的頸部，可以重點式地充分塗抹化妝水。如此即可防範皮膚毛病於未然。

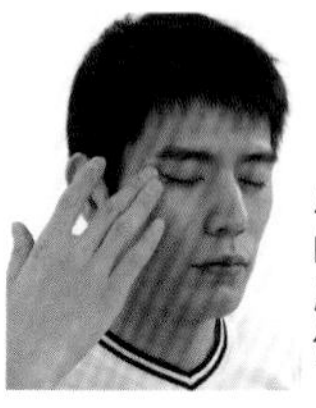

在眼睛周圍或口腔周圍重複塗抹

皮膚薄且容易乾燥的眼睛周圍或口腔周圍，要重複塗抹做好保護。

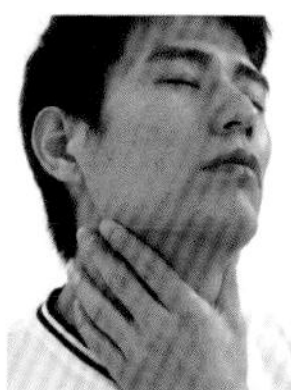

頸部也要塗抹化妝水

會照射到紫外線，且老化得快的頸部，也要塗抹化妝水。

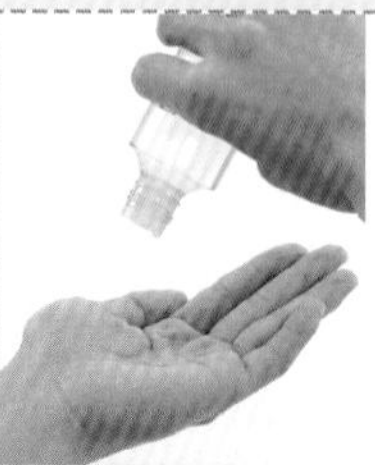

1 在手掌上倒入50圓硬幣大小的化妝水

把化妝水倒在手掌上，在手上揉開。

2 讓水分滲透到肌膚

把手掌輕輕按壓，以利滲透到肌膚的深處。

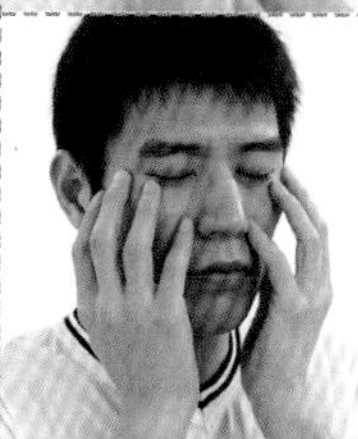

3 拍打整個臉部

輕輕拍打，使水分更滲透。

洗臉後，5分鐘以內是肌膚滑潤的分歧點

洗臉後的肌膚，是處在水分很容易蒸發的狀態。超過5分鐘，肌膚就會越來越乾燥。

洗臉和對肌膚補給水分的化妝水，要認定是一套的作業，必須每日進行。在意乾燥的人，雙重使用化妝水和保濕劑，更能提高保濕效果。

KEYPOINT 滿分5顆★

□洗臉後立即保養
【★★★★★】

□使用手指溫柔塗抹
【★★★★★】

□堅持保濕劑
【★★★★☆】

洗臉後的肌膚，是非常纖細的。必須溫柔地保養。

俐落技巧

能封閉肌膚水分的保濕劑使用技巧

使用化妝水給予肌膚水分後，再以凝膠或乳液保護滋潤。防止水分蒸發，保護肌膚。

30秒保濕劑按摩

透過促進血液循環的效果，使肌膚變的有彈性和光澤。

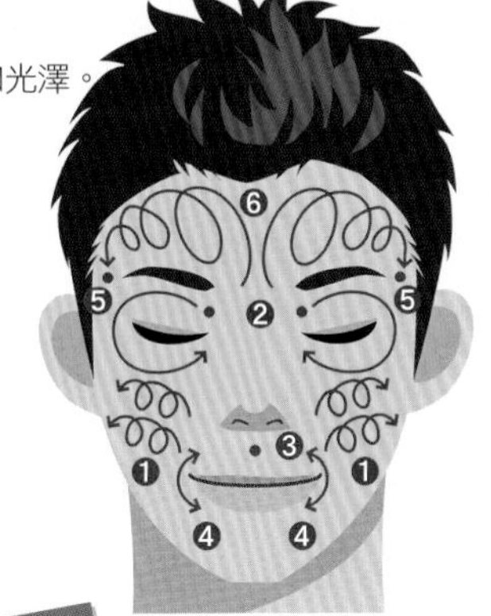

1. 臉頰是以下⇒上的順序，如描繪螺旋狀一般
2. 刺激眼頭的穴道後，在眼睛周圍塗抹化妝水
3. 刺激鼻下的穴道
4. 在口腔的左右上下來回按摩
5. 刺激太陽穴穴道
6. 額頭是從內向外如描繪螺旋狀一般

在此注意！

- 使用中指、無名指，以手指溫柔地按摩。
- 刺激穴道時，以中指輕輕按壓約3秒，再慢慢放鬆力量。

POINT

了解保濕劑的差異

乳液	凝膠
以接近肌膚皮脂膜的均衡，補給水分和油分二者。持續給予滋潤。	具有如乳液般的高保濕效果。由於沒有乳液般濕滑的感觸，完成後會感到清爽。

「不過度修剪」為保養的要點

以具有自然感的「眉毛」修剪保養，提高男性形象！

要注意雜亂伸長的眉毛。
以平時的修剪保養，維持自然的眉毛，形成幹練男性的形象。

俐落技巧

修剪在意的部分 提高給人的印象

眉毛的形狀開始變得不整齊時，就要盡早修剪。依不同部位修剪眉毛，亦可提高給人的印象。

修剪眉毛上

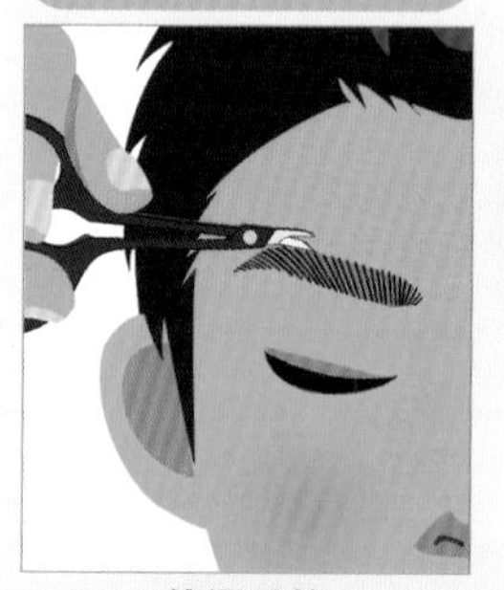

使汗毛的濃淡整齊

以具有自然感的濃淡來修剪。眉毛上的汗毛，稍微保留一點非常重要。

修剪眉毛下

沿著眉尾線自然地修剪眉毛

把刀刃一點一點向側邊移動來修剪。小心別讓刀尖傷到皮膚。

使眉毛的長度整齊

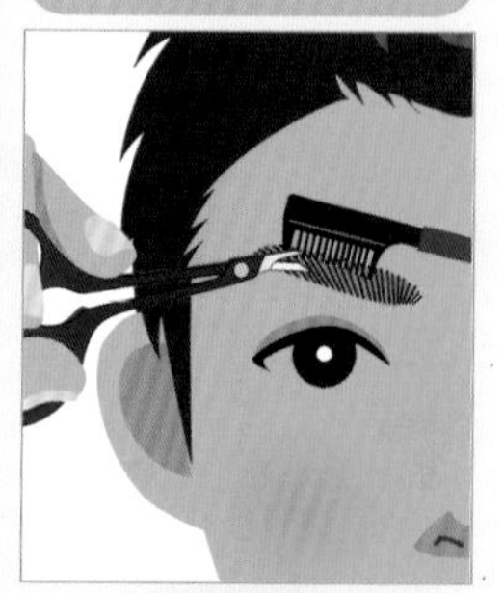

使用眉梳修剪過長的眉毛

把眉梳抵住眉毛，修剪從眉梳的齒間溢出的眉毛。

修剪眉毛時，用眉梳梳正眉毛的流向

在修剪之前必須要記住的要點，就是用眉梳梳正亂長的眉毛。別忘了要梳開來。

上面3道修剪步驟，是從右邊開始進行，如此就成為基本的修整法。

眉毛的修剪保養，重點在於自然感

在整剪保養上必須細心注意的，就是「眉毛」。一點點的變化，就會大幅改變顏面的印象。

眉毛修剪保養的基本，在於「不過度修剪」。太細或太粗，都會立即降低男人的形象。必須以沒有違和感的自然眉毛為目標。

滿分5顆★

□重點在於自然感
【★★★★★】

□不過度修剪
【★★★★☆】

□了解理想的眉毛形狀
【★★★★★】

不過度修剪，以具有自然感的修剪保養為要點。

在此確認！

確認眉毛的基本事項！

眉毛的修剪保養，首先必須了解理想的眉毛形狀。和基本用具一起確認吧。

■眉毛修剪保養的基本用具

眉剪

修剪生長過長的毛，簡單而容易使用。

拔毛器

用於拔除沒用的雜毛。夾毛時，必須從根部開始。

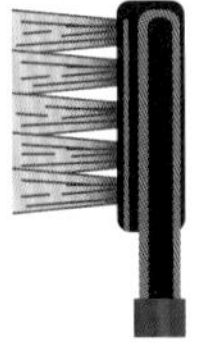

眉刷

鬆開眉毛，對整理眉毛流向有益。

眉梳

不僅可讓眉毛的長度整齊，也能用來梳眉毛。

■最佳的眉毛均衡！3項要點

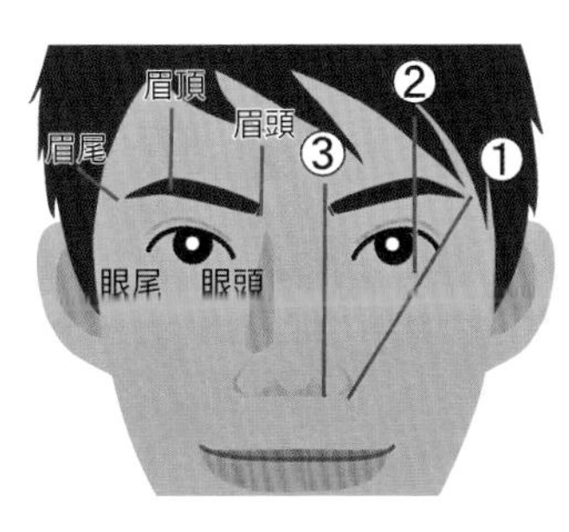

① 眉尾的位置

眉尾，是要在連接眼尾和鼻翼直線的延長線上。

② 眉頂的位置

位於黑眼珠外側向上的直線上，即為眉毛的最高點。

③ 眉頭的位置

從鼻梁側向上的直線上。

POINT

修剪保養不佳的案例

極細的眉毛

予人輕薄的印象，降低男性形象

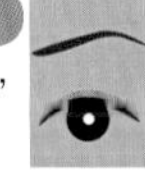

眉頭淡薄

眉間距離太開，予人遲鈍的印象。

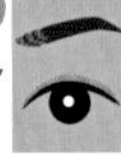

希望盡快刮好鬍子！

在匆忙的早晨有益！鬍子的修剪保養法

沒有時間的早晨，容易使刮鬍子變成不嚴謹。
學習在短時間就能高明完成刮鬍子的保養法。

俐落技巧

可加快刮鬍子的速度，提高效率的刮鬍子技巧

「希望能盡快刮好鬍子」，擁有如此想法的人應該不在少數。針對這樣的人，介紹提高速度的小秘訣。

一般刮鬍刀技巧

用熱毛巾燜鬍子3分鐘

以稍熱的水打濕毛巾，燜住鬍子部分。鬍子變軟後，也能刮得深入一點。燜的時間，以3分鐘為基準。

在鬍子上塗抹刮鬍膏

在刮鬍子之前，要在皮膚上塗抹刮鬍膏。如此可提高刮的效率。要塗滿整個鬍子，不要有遺漏。

POINT

刮好之後也很重要！

鬍子刮好以後，要塗抹具有保濕效果的乳液以保護肌膚。

電動刮鬍刀技巧

邊拉皮膚邊逆著鬍子的流向來刮！

能刮好鬍子，而且能縮短時間的刮法，就是「逆刮」。必須用手邊拉皮膚邊進行。

POINT

是否有這種誤解呢？電動刮鬍刀用力壓就能迅速刮好鬍子？

想要盡快刮好鬍子，於是把電動刮鬍刀用力抵住皮膚，這是錯誤的做法。如此不僅刮鬍子的效率差，而且也對皮膚帶來負擔。

有效率進行早晨的刮鬍子

早晨，是極為匆忙的時段。是否藉口說沒有時間，而在刮鬍子上馬虎了事呢？

無論使用電動刮鬍刀或一般刮鬍刀，都有能縮短時間的秘訣。以不會徒勞無功的順序，有效率地進行吧！

KEYPOINT 滿分5顆★

□**正確的刮法**
【★★★★★】

□**了解刮法的秘訣**
【★★★★★】

□**不傷皮膚的注意力**
【★★★★★】

刮鬍子，要以正確的順序，溫柔對待皮膚來進行極為重要。

刮鬍子練習（電動刮鬍刀篇）

比一般刮鬍刀輕便的電動刮鬍刀，在平時就使用的人應該很多。以下介紹不會徒勞無功的電動刮鬍刀技巧。

1 在開始刮之前，先拉一拉皮膚

電動刮鬍刀，要從哪個部位刮起都OK。首先，把要開始刮的部分的皮膚拉一拉。

2 把電動刮鬍刀抵住皮膚逆著刮

把電動刮鬍刀抵在伸展過的皮膚上，以和鬍子的流向相反來滑動電鬍刀。

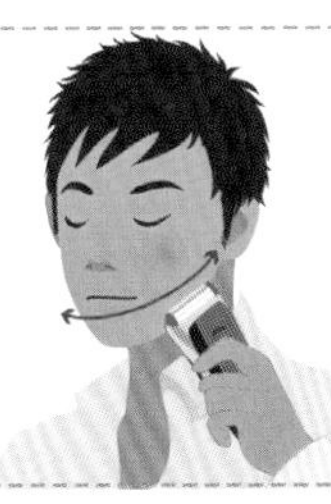

3 不要常停止，要邊滑動邊刮

經常停住電鬍刀，恐怕會有沒有刮到的地方。必須邊滑動邊刮。

聰明使用電動刮鬍刀的秘訣

- 把電鬍刀以90度抵住皮膚。
- 勤於保養電鬍刀。

POINT

利用高功能電動刮鬍刀！

透過振動音波能溫柔對待皮膚、刮好鬍子的機種，且有自動洗淨功能等，市面上有不少像這樣具備高功能用途的電動刮鬍刀。耐久性佳，雖然價格稍高，不過值得購買。

優點

- **以長遠眼光來看，是值得購買。**
- **對肌膚溫柔，刮起來很舒服，而且也能刮得深入一點。**

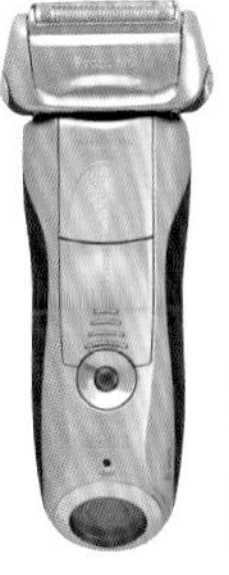

推薦的商品

●Brown Prosonic／改變刮鬍刀常識的「音波深入刮鬍」，對肌膚溫柔，能深入地刮鬍子。（Gile）

基本技巧 Basic technic

刮鬍子練習（一般刮鬍刀篇）

可確實刮得深入一點的一般刮鬍刀。沿著鬍子的流向來刮為要訣。刀片是每週更換1次。

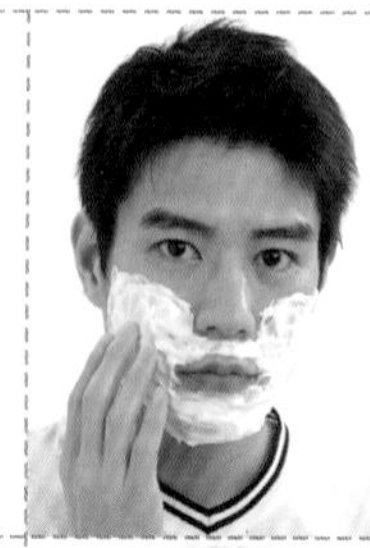

1 確實塗抹刮鬍膏

使鬍子柔軟，防止刮鬍時過敏的刮鬍膏，要充分塗抹在皮膚上。

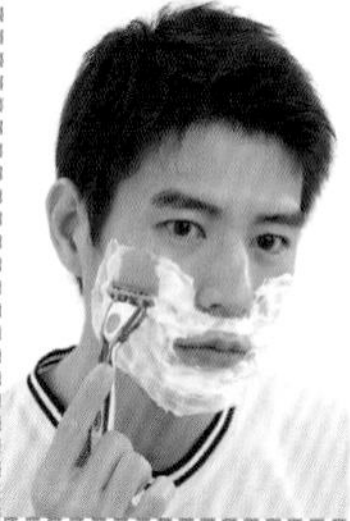

2 從鬍子柔軟的臉頰刮起

開始刮起的部位，基本上以臉頰為主。從上往下順著滑動刀刃來刮。

3 以上⇒下的順序刮鼻下

鼻下也是從上往下刮。別忘記塗抹刮鬍膏使鬍子柔軟。

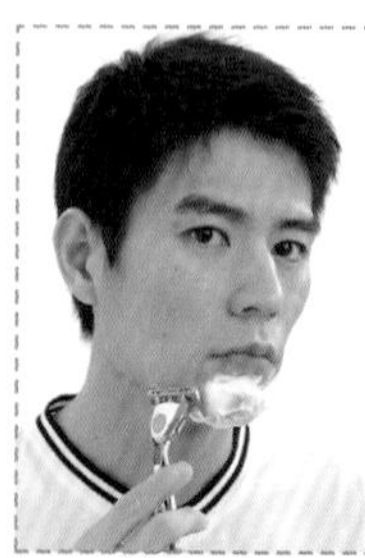

4 以上⇒下的順序刮下顎

下顎的鬍子，是較硬的部分。也是容易傷到皮膚的部位，請務必小心。

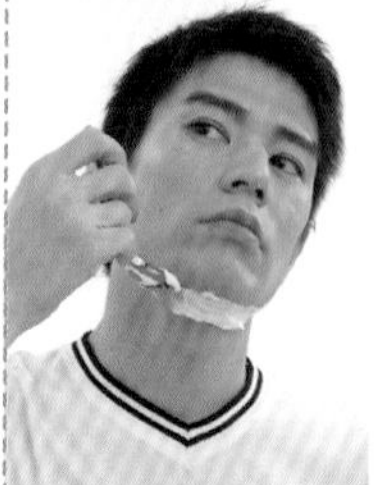

5 下顎下面、頸部逆著刮就OK

下顎下面、頸部，會有很多沒有刮乾淨的地方。逆著刮，就可以刮得很乾淨。

6 用冷水沖洗，使皮膚緊實

以冷水沖洗刮鬍膏。如此也有使肌膚緊實的效果。

POINT

有傷到皮膚之虞，
一般刮鬍刀是以安全性為最優先！

把刀刃直接抵住皮膚的一般刮鬍刀，能刮得較深入，不過容易傷到皮膚卻是困難所在。選購一般刮鬍刀時，要選擇對肌膚溫柔，安全性高的種類。

推薦的商品

●Schick Quatoro 4 Titanium／使用鈦素材，對肌膚溫柔，刮得深入。

再推一步的技巧

以有型的鬍子漂亮掩飾臉部的缺點

在工作場上，也會經常被注目的就是鬍子。能夠巧妙地讓它伸長，即可漂亮掩飾臉部的缺點。

三角臉

⇒緩和下顎尖銳的類型

●讓短的下顎鬍子廣範圍生長，以掩飾下顎的尖銳感。

圓形臉

⇒在臉頰形成陰影以掩飾稚嫩性

●從臉的側邊向臉頰的部分伸長，形成陰影。

●下顎下不要讓鬍子任意伸長，要修剪成有剛毅的氣息。

長形臉

⇒不強調縱長的印象

●不讓鬍子連接到鬢角。

●讓下顎鬍子生長得比三角臉範圍更廣。

四方臉

⇒抑制腮邊威攝感的類型

●讓鬢角和腮、下顎的鬍子連結。

●下顎鬍子稍微留長一點，更有味道。

POINT

有型鬍子的修剪保養3步驟

❶修剪整齊

用梳子邊從下面梳理，邊修剪從梳齒間溢出的鬍子，讓鬍子整齊。鬍子較短時，建議使用專用的修剪器。

❷修整

縱向使用剪刀為基本。邊注意別讓剪刀夾住皮膚，邊修剪鬍子的毛尖部分。

❸修飾完成

建議在使用一般刮鬍刀開始刮除多餘鬍子之前，塗抹凝膠形的刮鬍膏。如此可減輕皮膚的負擔！

以閃亮潔白的牙齒為目標

潔白牙齒&無口臭是理所當然，充滿清潔感的口腔保養

展露笑容時，露出閃亮潔白的牙齒，必然給人截然不同的好印象。這是帶給他人清潔的男性和好印象的重點。

1分鐘技巧！ 1min

簡單挑選最好的牙刷&牙膏（粉）

如何正確地刷牙，大前提是挑選適合自己的牙刷或牙膏（粉）。在購買之前，快速地利用一分鐘的時間檢視重點。

牙膏（粉）

■木醣醇

預防口臭，天然的甜味料。
促進牙齒的再石灰化（修復）。

■氟

對牙齒的再石灰化有益。也有抑制長牙垢的效果。

■維他命E

促進牙齦的血液循環，預防老化。
對牙周病的預防也大有助益。

■氫氧磷灰石（Hydroxy Apotite）

和唾液所含有的礦物質成分成反應，促進牙齒的再石灰化。

牙刷

■刷毛的大小

比自己上面2顆門牙稍小的較為理想。如能細心刷牙，則以小一點的為佳。

■毛尖的形&毛的硬度

毛尖，建議挑選細且圓的毛尖種類。硬度是一般使用的「普通」。牙齦發炎時，以「稍軟」的為理想。

■柄的部分

容易握持很重要。建議選用刷牙時容易上下移動的種類。

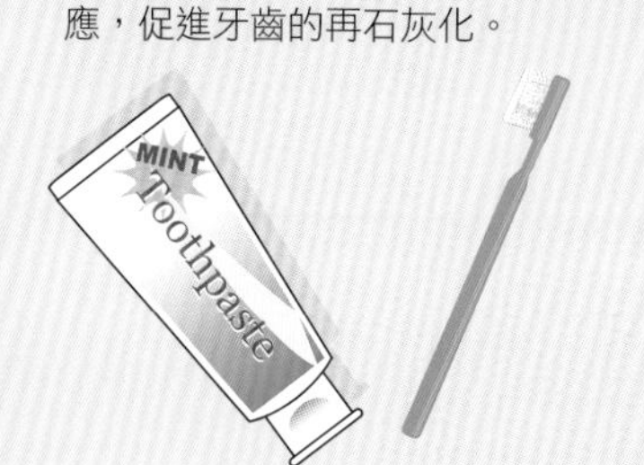

切勿小覷每日的刷牙

潔白的牙齒，不只使女性，也讓你在工作職場上馬上成為超人氣者。確實認識每日刷牙的重要性。刷牙，要從牙刷＆牙膏（粉）的挑選法到刷牙之後，都必須廣泛確認。務必記住理想的刷牙法。

KEYPOINT 滿分5顆★

□**每日刷牙**
【★★★★★】

□**正確刷牙**
【★★★★★】

□**預防口臭也很重要**
【★★★★☆】

邁向潔白牙齒之道，是從每日正確地刷牙開始。

基本技巧 Basic technic

刷牙要依不同部位來清潔！

理想的潔白牙齒，是唯有每日確實地刷牙方可獲得。依不同部位確實刷牙吧！從哪個地方刷起都ＯＫ。

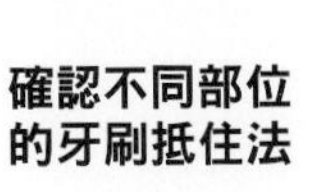

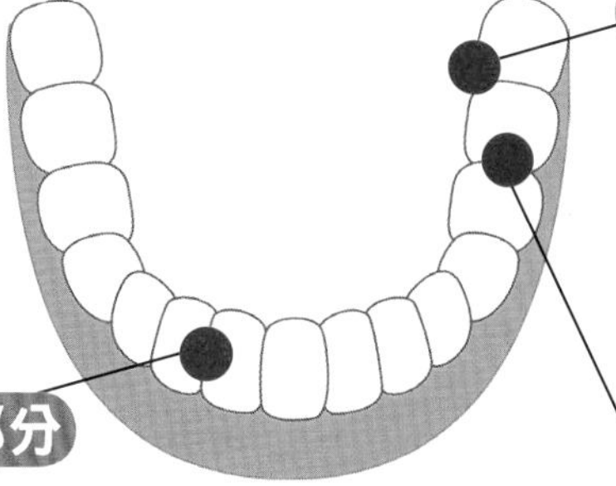

牙齒背面部分

牙刷豎立，細微且小力地活動毛尖。

牙齒表面部分

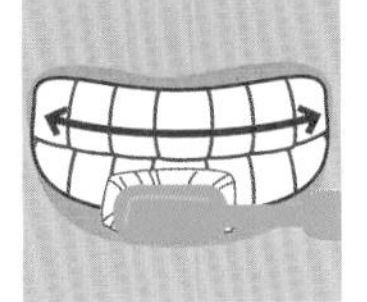

牙齒和牙刷保持垂直。細微地活動毛尖。

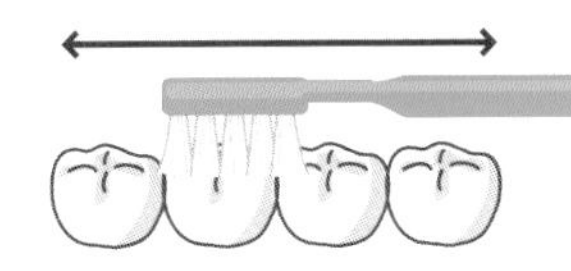

接縫部分

牙刷和牙齒平行，來回幾次。

POINT

餐後立即刷牙！

餐後經過30分鐘，汙垢就附著在牙齒上。務必在此之前刷牙。

聰明刷牙的秘訣

■輕輕刷為基本

太用力刷會傷到牙齦，必須輕輕刷。

■握法是和鉛筆一樣

和日常拿鉛筆一樣來握持牙刷

■以45度的角度刷牙齒

以毛尖保持45度的角度抵住牙齒時，即可清潔刷掉牙垢。

保持潔白牙齒的確認事項

為了持續保有潔白的牙齒，以下介紹值得推薦的技巧。請確實確認。

■熟練使用讓牙齒變乾淨的便利工具！

牙線

可剔除牙齒和牙齒縫隙不易刷除的牙垢。只是把線穿過牙齒和牙齒之間而已，出門在外也非常好用。●Clinica（Li）

牙縫刷

以裝有鐵絲的牙刷，剔除牙齒之間的污垢。插入牙齒和牙齒之間，細細移動。●Dentacystema（Li）

牙垢染出劑

在有牙垢的地方著色，檢查牙齒是否刷乾淨。一眼就能看出牙垢。●牙垢染色凝膠（日）

■刷完牙的重要2步驟

1 適度漱口

以沖掉牙膏（粉）的方式來漱口。不過，漱口過度也會沖掉牙膏（粉）的成分。

2 檢查牙垢

用舌頭觸摸刷牙後的牙齒，檢查是否刷乾淨。有黏黏、粗糙感觸的話就再刷一次。

POINT

牙齒毛病！症狀及其對策

出血

症狀
造成牙齦發炎出血，原因是牙垢的累積。

對策
仔細刷牙，避免累積牙垢。出血不止時，須看牙醫。

齒石

症狀
牙齒沒有刷乾淨累積牙垢，導致唾液中的鈣沉積，變成如石子般堅硬的齒石。

對策
注意不要有刷不乾淨的情形。有齒石時，由牙醫清除較理想。

黃斑

症狀
香菸的焦油、咖啡所含的丹寧等附著在牙齒的表面，看起來黃黃的。

對策
使用有漂白效果的牙膏（粉）有效。

再推一步的技巧

在近距離也不會感到難堪的口臭對策

對氣味敏感的女性而言，有口臭的男性是會讓她們嗤之以鼻。以下介紹即使有女性突然接近，也不會感到難堪的口臭對策。

利用漱口液撲滅口腔內細菌

推薦的商品

使用在口腔內有殺菌作用的藥用「漱口液」清潔口腔。不僅可預防口臭，對牙周病的預防也有效果。

●Pureora（Li）

利用專用的刷舌苔器清潔舌頭

推薦的商品

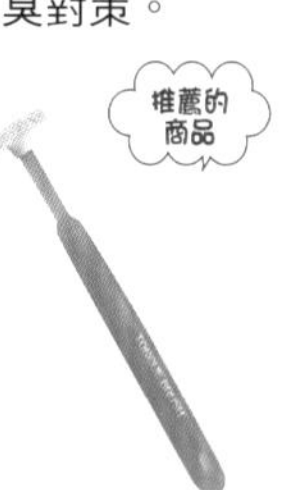

使用專用的刷舌苔器清潔舌頭，可作為口臭的對策。不要用力，從裡面往前面刷為要訣。

●舌頭清潔器（貝）

攝取可預防口臭的食材&飲料

綠茶的黃酮類、帶酸的醃梅、檸檬等防止腐敗發酵的作用，可預防口臭。僅在餐後含在嘴裡，也有效果。

這種的食材 醃梅、檸檬等帶酸的食材、綠茶

嚼口香糖提高口腔的抗菌作用

口腔內的唾液成分，具有去除成為口臭原因之細菌的作用！ 建議咀嚼口香糖，能輕易分泌唾液成分。

這樣的口香糖 含有木醣醇成分（也有預防蛀牙的效果）

節制吸菸

吸菸，不僅會讓人擔心香菸的氣味，也會讓口腔變乾燥，而成為細菌容易繁殖的狀態。還會成為黃斑的原因，務必節制。

提升一級

成為滋潤嘴唇的唇部保養

展現男性魅力之一的部位，就是「嘴唇」。乾裂的嘴唇，會讓您的魅力減半。進行具有保濕效果的保養吧！

使用保鮮膜進行滋潤保濕保養

塗好護唇膏之後，暫時覆蓋保鮮膜，使護唇膏的成分湛透嘴唇，給予滋潤。

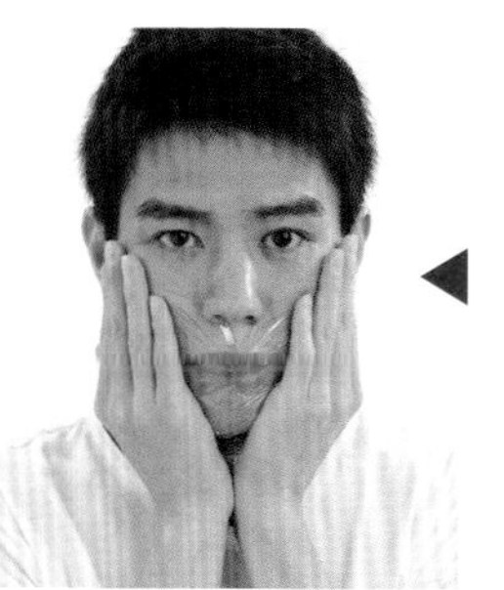

覆蓋保鮮膜約10～15分鐘。

在唇上塗護唇膏。

隨時留意

「眼」「鼻」「耳」的簡單重點保養

會整理儀容的男性，也會顧慮到細節的部位。
您是否有確實做到重點保養呢？

俐落技巧

解決煩惱！快速的眼睛保養

會給人不健康感的眼下黑眼袋，以及給人不清潔印象的眼屎。希望能快速解決眼睛周圍的問題。

煩惱①黑眼袋

立即呈現效果的30秒按摩

眼下的黑眼袋，會給人不健康的印象。建議施行可以讓疲勞的眼睛周圍回復活力的短時間按摩。

以手指覆蓋的狀態，慢慢閉目保持5秒。

把手指覆蓋在整個臉頰上，把下眼瞼往下拉。

煩惱②眼屎

每日的留意對眼屎有效

淚液無法沖洗掉的污垢，累積後就會變成眼屎。以補充淚液的保養進行預防，洗臉時洗掉眼屎。每日的保養極為重要。

推薦的商品

對策 **以眼藥補給淚液預防眼屎**

眼屎，會因淚液被沖洗掉。點眼藥避免眼睛的乾澀，預防眼屎。

●推薦的商品'羅特眼藥水（Ro製）

對策 **利用早晨的洗臉洗淨眼屎**

淚液的分泌量減少的睡眠時，眼屎容易變多。早晨洗臉時，務必確實洗淨。

確實進行臉部細微部分的保養

透過護膚和洗臉，讓整張臉變清潔，但若怠忽各部位的保養，就功虧一簣了。

眼、鼻、耳是自己不容易察覺的部位。可是，周圍的人卻能確實看到。透過重點保養，使整個臉或部位能確實保養！

KEYPOINT 滿分5顆★

□勤於眼睛的保養
【★★★★★】
□使用專用用具修剪鼻毛
【★★★★☆】
□使用棉花棒清潔耳朵
【★★★★☆】

透過眼、鼻、耳各部位的保養解決問題！

簡單！輕鬆！鼻毛的修剪

一個型男一旦露出鼻毛，則一切的努力將付諸流水。應注意的不外乎修剪。每天早晨一定要在鏡子前檢查鼻毛。

使用專用修剪器

迅速安全的專用修剪器

使用市售鼻毛專用的修毛器，即可安全快速修剪。有電動、手動2種類，選擇自己容易使用的類型。●鼻毛修剪器

使用小型剪刀

傳統的剪刀

為了安全，使用刃尖圓滑的專用剪刀來修剪鼻毛。這樣就不會傷到皮膚，可安心修剪。

●安全剪刀（貝）

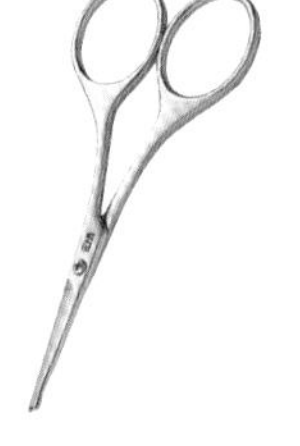

清爽乾淨！耳朵的清潔

自己看不到，但令人在意的部分，就是「耳朵」的清潔。正因為眼睛看不到，因此要特別留意保養。

沐浴後，使用棉花棒清潔相當有效！

纖細的耳內，最好使用棉花棒來清潔。沐浴後，活動棉花棒輕輕拭去污穢。

POINT

棉花棒的種類繁多

●純淨棉花棒／抗菌性卓越的棉花棒。（大三）

●濕棉花棒／含有清潔精製水的濕潤型棉花棒。（大三）

是否有這樣惱人的問題呢？

確實解決肌膚煩惱的問題皮膚對策

很突然地，你的皮膚出現問題。這時候的你，會如何對應呢？
必須從原因講求確實方法的對策，才能確切解決皮膚的困擾。

症狀別！立即了解皮膚問題的原因及其對策

以下針對帶給多數男性苦惱的皮膚問題，簡單明瞭地介紹原因＆對策。瞬間即可找到解決對策。

面皰（青春痘）

原因　細菌在皮脂上繁殖變成面皰

面皰的原因，和出油或毛孔的黑頭粉刺一樣都是「皮脂過剩」。細菌在此繁殖，變成面皰。因壓力使皮膚的抵抗力降低，也是原因之一。

對策　利用專用化妝品減少細菌繁殖

維持沒有皮脂的皮膚，勤於洗臉是第一要事，加上併用專用的化妝品，即可減少細菌的繁殖。面皰一旦惡化就難以治癒，因此初期治療極為重要。

●Uno 藥用ACNE CARE PASTE／以不醒目的絕妙膚色乳霜作集中保養。（資）

毛孔的黑頭粉刺

原因　原因是殘留在皮膚的皮脂氧化

黏膩殘留在皮膚的皮脂，接觸空氣氧化後就變黑，這就是黑頭粉刺。污垢或灰塵也會在此時附著，因此處在非常不清潔的狀態。

對策　進行排除毛孔阻塞的保養

黑且凝固的黑頭粉刺，僅靠洗臉是解決不了的。排除毛孔阻塞的保養極為重要。黑頭粉刺不僅醒目，而且是看起來不清潔的皮膚問題。

●MEN'S Biore 清潔毛孔布膜／清潔去除毛孔的污垢。（花）

出油＆黏膩

原因　出油是源於皮脂量多

和女性相比，男性的皮脂量較多，以致皮膚容易出油黏膩。尤其有皮脂腺的額頭和鼻子，是容易出油黏膩的部位。

對策　使用化妝品控制油膩

了解男性的皮脂分泌量較多，不忘早、晚2次的洗臉。建議使用有效控制出油的化妝品。

●配方C水／防止出油，保持清爽的化妝水。（Taka）

確實進行 臉部細微部分的保養

透過護膚和洗臉，讓整張臉變清潔，但若怠忽各部位的保養，就功虧一簣了。

眼、鼻、耳是自己不容易察覺的部位。可是，周圍的人卻能確實看到。透過重點保養，使整張臉或部位能確實保養！

KEYPOINT 滿分5顆★

☐**把握原因**
【★★★★★】

☐**擬定對策**
【★★★★☆】

☐**立即實行**
【★★★★☆】

以原因⇒對策⇒實行的3步驟，解決皮膚問題。

鬆弛、老化的臉

原因 隨著年齡，肌膚越來越老化

進入20歲後半左右，皮膚就會自然越來越老化。在此之下，皮膚會失去彈性，鬆弛現象越來越醒目。不規則的生活也是老化的原因之一，要注意。

對策 阻礙老化的進行，把能量注入皮膚

預防的對策，是阻礙老化的進行。避免照射紫外線，留意吸菸或生活習慣。進行補充肌膚不足之營養的保養也很重要。

粗糙

原因 肌膚的水分不足相對造成皮膚粗糙

皮膚，是抵抗外界保護身體的堡壘。皮膚之所以變成乾燥，是因此堡壘變脆弱所致。皮膚的水分一旦不足，就變成乾燥狀態。

對策 以保濕保養滋潤肌膚

過度的清洗會沖走滋潤肌膚的成分，要注意。在意乾燥的人必須避免。建議以保濕效果卓越的專用化妝品，補給肌膚的滋潤。

暗沉

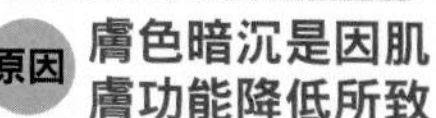

原因 膚色暗沉是因肌膚功能降低所致

比起他人看來不健康的暗沉肌膚，原因是受到紫外線照射導致肌膚功能降低。因日曬而無法回復，就會出現暗沉的情形。

對策 預防紫外線，使用專用化妝品改善膚質

從紫外線保護肌膚的保養極為重要。預防對策是，把防曬的乳霜塗在臉上，以避免紫外線的危害。已顯現暗沉的人，可使用專用化妝品來改善膚質！

●LAB SERIES／對老化肌膚添加能量。（Ara）

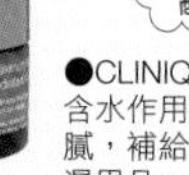

●CLINIQUE MX 含水作用／不油膩，補給滋潤保濕用品。（C）

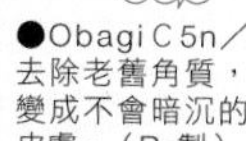

●Obagi C 5n／去除老舊角質，變成不會暗沉的皮膚。（Ro製）

POINT

肌膚的大敵！紫外線帶給皮膚不良的影響

紫外線會在細胞的DNA層級上造成傷害。會形成乾燥、暗沉、皺紋、鬆弛……。會演變成多數皮膚毛病的原因，因此必須極力避免紫外線的照射。

回復漂亮的表情！

解決臉部的煩惱！1分鐘臉部運動

疲倦或壓力會表露在臉上。為了不被貼上「沒有活力的男人」的標籤，馬上實踐臉部運動吧！

1分鐘技巧！ 1min

目的別輕鬆的臉部運動

無論何時何地都可以開始的臉部運動。在工作之間或疲倦時，務必嘗試。

立即變成燦爛的笑臉

拉高下垂的嘴角

若平時就不顯露笑容，則形成漂亮笑臉的臉部肌肉會漸漸衰退，導致嘴角下垂。進行拉高嘴角的運動。

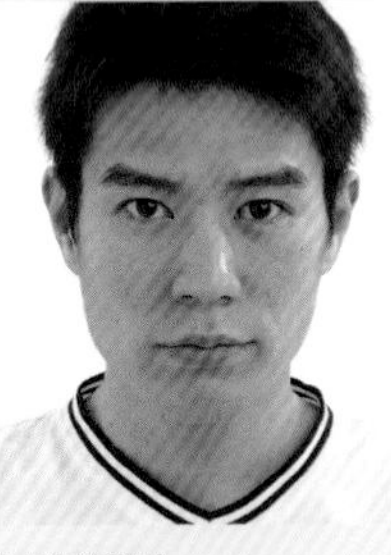

嘴唇輕輕閉上。

把上唇和下唇捲入嘴內，兩手托住兩頰，慢慢地把嘴角往上拉。以此狀態保持5秒。

提升眼力的雙瞳

消除眼睛浮腫，去除眼睛疲勞

加班到深夜，翌日因睡眠不足而容易使眼睛疲勞。在工作之間務必施行能提高眼力效果的運動。

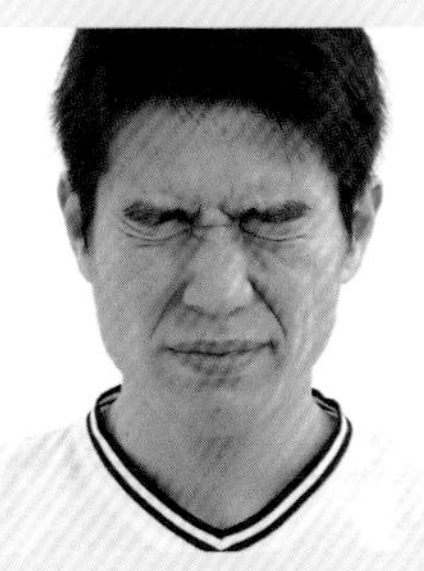

慢慢閉上眼睛，以閉目狀態保持5秒

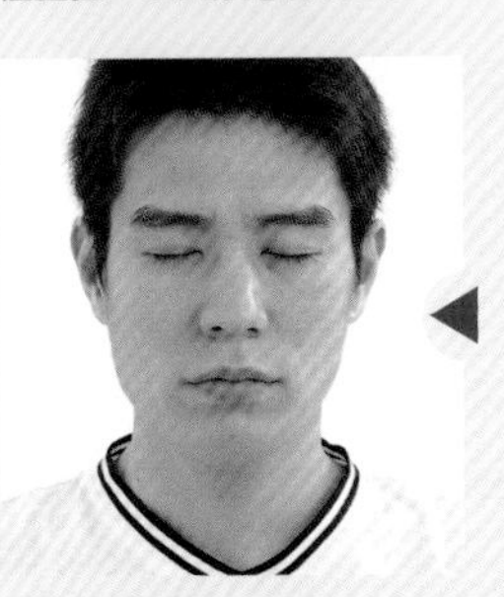

慢慢放鬆眼睛力量，自然張開。

養成隨時保持有活力表情的習慣

身體的疲勞或精神性的壓力，即使自己沒有意識到，但會自然表露在臉上。

對著鏡子看覺得有疲態時，就進行可讓表情回復活力的運動。一旦養成習慣，即可隨時保持有活力的面孔。請立即實踐看看。

KEYPOINT 滿分5顆★

□**以放鬆的心情**
【★★★★☆】

□**正確施行**
【★★★★★】

□**養成習慣**
【★★★★★】

反覆進行幾次，更能提高此運動效果。

清晰的臉孔線條

把鬆弛的下顎變得緊實有力

鬆弛的下顎，因角度有被更強調突顯的情形。想像著從臉部肌肉和頸部肌肉到胸部肌肉的連動，來進行這項運動就更有效果。

兩手輕輕托著頸肌，然後向下拉引。

想像「ㄨ」的發音突出下顎，以此狀態保持5秒。

變成放鬆的表情

去除臉頰的緊張，成為有餘裕的臉

處在精神性緊張或壓力時，表情會自然變得僵硬。以輕鬆的心情進行放鬆臉部運動。不僅對臉頰的鬆弛有效，亦可防止老化。

以嘴巴半開的狀態，放鬆眼睛周圍的力量。以稍微露出門牙的程度為基準。

把嘴弄成「ㄨ」的嘴型。兩手托著嘴邊，把嘴角往上拉引。

最初看著鏡子進行！

還不習慣時，對著鏡子做也OK。首先，必須從放鬆心情開始！

變成帶有香皂香味的好男人

成為乾淨俐落的身體清潔技巧

眼睛看得到的地方，當然會清洗！
但是，如何把「眼睛看不到的地方」也清洗乾淨，才是重要。

俐落技巧

精通快速清潔乾淨的身體清潔技巧

清洗全身的身體，是件費時又費力的事情。以下介紹能快速清潔身體的技巧。

了解清洗身體的順序，依序進行

清洗法，當然有順序。以下記的順序進行，是最不會浪費工夫的有效方法。請務必實踐。

以這樣的順序清洗！

① 洗「髮」

先以溫水清洗頭髮，接著再依洗髮精、潤髮乳的順序洗頭髮。

② 洗「臉」

邊確實清洗到髮際邊沖洗。

③ 洗「身體」

把洗髮、洗臉時沾在身體上的洗髮精、洗面乳等都一起沖洗乾淨。

按照「由上而下」的順序清洗乾淨

在最後，也會有洗髮後洗髮精殘留在背後的情形。記住「由上而下」順序。

先加熱身體，即可快速去除污垢

清洗身體之前，先在浴缸泡一下加熱身體。透過溫熱的身體，污垢或污穢很快就會脫落。

「泡沫清洗」是清潔身體的基本

把香皂確實起泡後，再搓洗。細小的泡沫可以快速吸住微小的污垢。不會使皮膚的堡壘功能降低，能溫柔對待肌膚。

以正確洗法清洗須確實洗淨的部位

即使花了很多時間和工夫清洗身體，但是，重點有錯，則一切努力將功虧一簣。俐落的男人，要學習正確清洗及確實洗淨部位的方法。

這是每天都要做的事，務必學會不浪費工夫的清洗法。

KEYPOINT 滿分5顆★

☐採取正確清洗法的順序
【★★★★★】
☐泡沫清洗為基本
【★★★★★】
☐檢查清洗的部位
【★★★★☆】

和臉部一樣，身體也是以「泡沫」清洗為基本。

俐落技巧 身體的清洗部位一覽表

一目了然的清洗重點。了解重點，正確清洗身體吧！

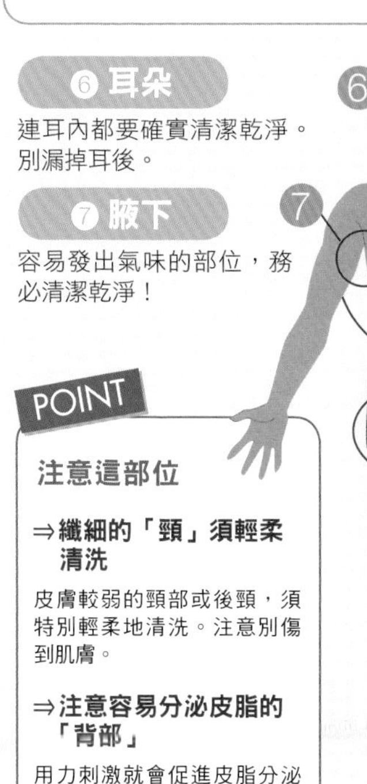

⑥耳朵
連耳內都要確實清潔乾淨。別漏掉耳後。

⑦腋下
容易發出氣味的部位，務必清潔乾淨！

①背部
容易分泌皮脂長面皰的部位。不要有洗不乾淨的情形。

②肚臍
這是纖細的部位。用指尖輕輕清洗。

③指尖
有黑點污垢的手指是不行的。要經常檢查。

④臀部
由下⇒上清洗，也有提臀的效果。

⑤腳趾和腳底
不止是腳底部分，連趾間都要清洗乾淨。

POINT

注意這部位

⇒纖細的「頸」須輕柔清洗

皮膚較弱的頸部或後頸，須特別輕柔地清洗。注意別傷到肌膚。

⇒注意容易分泌皮脂的「背部」

用力刺激就會促進皮脂分泌的背部，要確實清洗。

身體清洗法講座

對於身體的清洗法，其實多數人都是似懂非懂！您知道「如描繪螺旋般清洗」的方法嗎？

START

1 泡沫清洗為基本！讓香皂確實起泡

細小的泡沫不僅對肌膚溫柔，而且有提高洗淨力的效果。用洗身體的毛巾把香皂或沐浴乳確實起泡。

2 從距離心臟遠的部位開始洗

一開始清洗，是從手指或腳趾等距離心臟遠的部位開始清洗。可促進血液循環，亦可提高新陳代謝。

3 以畫螺旋方式清洗為基本！

身體是以畫「螺旋」方式清洗為大前提。因為是可以促進血液循環的洗法，因此可提高肌膚的彈性和光澤，變成漂亮的肌膚。

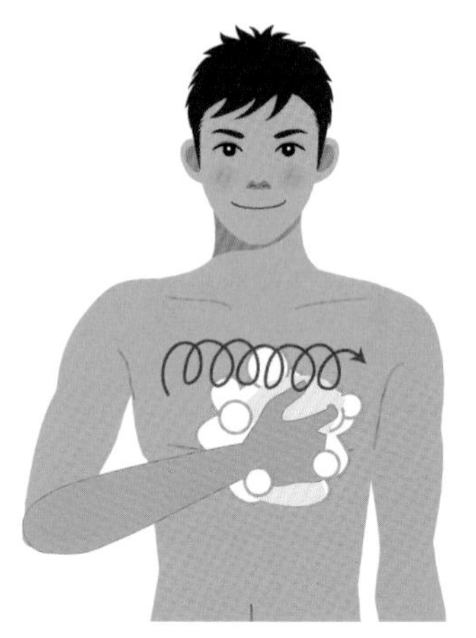

●多芬沐浴乳C／可形成柔嫩光滑的肌膚。（U）

POINT

身體的洗淨，是以重視肌膚來選用沐浴乳

身體比臉部更容易乾燥。建議使用清洗完成後能夠滋潤保濕的沐浴乳。

再推一步的技巧

使身體緊實！淋浴美容

具有使身體的部分緊實效果的方法，就是美容淋浴。洗好澡之前進行更有效果。

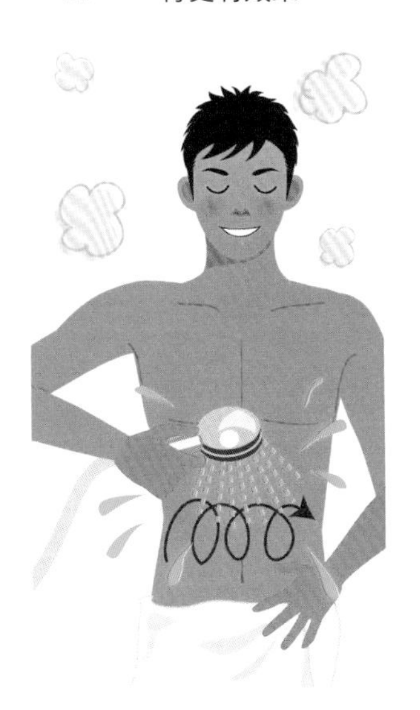

1 加強水量淋浴

以稍微加強水量，溫度約40～42度的熱水來沖洗身體在意的部位。

＊淋到皮膚感到舒適的程度！

2 邊畫螺旋邊沖洗

邊畫螺旋邊沖洗。對浮腫或僵硬也有效果。

POINT

提高緊實效果的方法！

⇒進行溫→冷淋浴

以熱水和冷水交互淋浴，可促進血液和淋巴液的流通，提高身體緊實的效果。

以季節性的沐浴乳變成柔滑光潤的肌膚

如果是泡澡，也要注意沐浴乳。依季節性選購，邁向變成柔滑光潤肌膚的目標。

春 Spring

給予滋潤，預防乾燥

皮膚容易乾燥的這個季節，選用有滋潤感的種類。如果是香草類，就選洋甘菊。

夏 Summer

溫柔保護皮膚的傷害

建議使用可以溫柔保護皮膚傷害的蘆薈。由於蘆薈具有保濕效果，因此可保留滋潤。

秋 Autumn

消除汗水，為身體帶來清爽感

入秋後，建議使用能快速洗淨汗水，具有清爽感的種類。薄荷等香草較有效。

冬 Winter

防止沐浴後發冷，使身體保持溫熱

在寒冬的時期，為了避免沐浴後發冷，使用含有能夠從身體中心發熱的溫泉成分的種類最為適合。

汗流浹背也不用擔心！

帥氣有禮型男的無體臭對策

自己不容易察覺的，就是「體臭」。
留意保持清潔，千萬別破壞自己的形象。

俐落技巧

立即了解引起臭味原因的體臭發生源一覽表

了解引起氣味的原因，即可找出其對策。
首先，探索自己在意氣味的原因。

❶頭皮的皮脂污垢發出氣味

發臭的頭髮是有預兆的！就是從頭髮油膩發黏開始。油膩發黏，是頭皮的皮脂或污垢累積所造成。可作為一種檢查的基準。

❷若是狐臭，立即上醫院診斷氣味

已經很留意清潔，卻還是有異常強烈的體臭。這樣的人就該懷疑是狐臭。果真有狐臭，解決之道唯有手術，務必盡早做診斷。

❸刷牙不足、唾液不足成為口臭

有多處沒有刷乾淨的清潔，會因口腔的污穢發出令人嫌惡的氣味。此外，唾液具有抑制細菌繁殖的效果！嚼口香糖也是防止口臭的對策之一。

❹以防止悶熱的對策阻止流汗

悶熱的腳，是汗水和細菌的溫床。也會自然發出氣味。改善襪子和鞋子的透氣性，保持腳的清潔為基本。

POINT

氣味會因出汗部位而有差異!?

若是腋下的氣味，就是刺鼻的味道；如果是腳，就是悶熱的臭味，諸如此類，氣味會因流汗的部位而有所差異。

「清潔」，比任何事都要優先

就對氣味敏感的女性而言，對男性的體臭非常敏感。如果您認為體臭是男性的賀爾蒙所致而不予理會，那麼，一定會破壞他人對您的評價。

在防止體臭上，最重要的就是保持身體清潔。以每日的沐浴為基本，進行對汗水、對氣味的對策。

KEYPOINT 滿分5顆★

□「清潔」為第一
【★★★★★】

□確認氣味的發生源
【★★★★☆】

□利用保養用品
【★★★★☆】

了解氣味的原因，講求必要的對策。

採取令人在意的體臭確實對策

擦身而過時，若有令人掩鼻的氣味是不行的。您的身價會因此而立即暴跌。

流汗就立即擦拭

汗水和細菌是絕佳的好夥伴。為了避免細菌任意蔓延，必須勤於擦拭汗水。

●GATSBY　清爽除臭面紙（MAN）

以藥用香皂確實清潔細菌

雖然每天都很努力保持清潔，但還是有細菌殘留的情形。在意氣味的人，可利用對細菌有效的藥用香皂。

以吸濕性高的內衣快速吸汗

市面上有販賣很多能快速吸汗的優質內衣。積極活用，即可有效預防氣味。

比起肉料理，要以蔬菜料理為中心

若因喜愛而一直攝取肉類或乳製品，就容易形成有氣味的身體。多攝取魚類或綠黃色蔬菜。

POINT

聰明使用防臭商品！

最常用的噴霧制汗劑

推薦的商品

●（左）Ag＋粉狀噴霧劑Ca／阻斷氣味源，1整天都有舒適的香味。（資）

●（右）OXY除臭噴霧劑／確實去除狐臭、汗臭的攜帶用噴霧劑。（Ro製）

直接塗抹滾輪類型

●Ban男性用滾輪型／效果佳，快速乾燥，身體不會發黏。（Li）

腳臭使魅力減半！

從今天開始不臭的足部氣味對策

在拜訪客戶或外出地脫鞋時，您的腳是否會發出令人掩鼻的氣味呢？……。為了不要有這樣的負擔，必須做確實的檢查。

1分鐘技巧！ 1min

選用不燜、不臭的鞋子！購買前的1分鐘檢查

據說，兩腳在一天內會冒出1杯分的汗水。為了因應這種情形，選用不容易冒汗的鞋子極為重要。

❶要注意腳跟的滑動移位

避免腳跟會在鞋內滑動移位的鞋子。腳跟滑動的部位容易冒汗，而產生氣味。

❷腳底穩定的鞋底

腳跟或腳心滑動不穩定的鞋子，因摩擦而容易冒汗。

❸重視透氣性的素材，腳背有餘裕

腳背不要過鬆，也不要過緊。太緊，會造成血液循環不良，而容易冒汗。

❹燜＝氣味，腳尖要有餘裕

若無餘裕，就會降低透氣性，而形成令人嫌惡氣味的原因。

POINT

也要注意這些問題！

■不要赤腳穿鞋

為了避免汗水直接沾附在鞋子上，穿鞋時一定要穿襪子。

■穿吸濕性高的襪子

穿著可吸腳汗的襪子。選購棉成分高的襪子。

在此注意！

臭襪子充滿細菌

雖然選用符合自己理想的鞋子，也保持足下清潔，但襪子不乾淨，則一切努力將付諸流水。腳容易燜的人，要勤於更換襪子。

「汗」的對策 是惡臭的解決之道

腳的氣味，大部分是以「汗」為原因。從腳冒出的大量汗水，和潛藏在襪子或鞋子的細菌相混後，就變成惡臭。

鞋子的選擇、腳的保養，都以「汗」的對策為主，留意保持潔淨清爽的腳。以不發臭為當然的目標。

KEYPOINT 滿分5顆★

- □**選購不悶的鞋子** 【★★★★★】
- □**保持腳的清潔** 【★★★★★】
- □**聰明利用保養商品** 【★★★★★】

無論腳、鞋子、襪子都要保持清潔。

防止氣味的檢查事項

阻斷腳臭來源，就是要盡力保持腳的清潔、確實檢查。

■在外出地的緊急保養

一整天都勤於保養腳，是很重要的。勤於利用除臭噴霧劑或拭汗面紙擦拭汗水或污垢。

■連腳趾甲內都要保持清潔

腳趾甲太長，就容易藏汙納垢，而成為氣味的來源。洗腳時，也要刻意清潔腳趾甲。

■腳刷×殺菌香皂的雙重清洗

一整天穿著鞋子的腳，是很容易變得不乾淨。使用腳專用的刷子，以及殺菌效果高的香皂，作雙重清洗。

聰明活用足部的保養用品

能夠阻絕氣味的產品有各式各樣。在這裡介紹能夠提供你幫助的產品。

腳的保養

●藥用FOOT LOOSE／以硫磺效力殺菌，確實洗淨腳的氣味。以磨砂效果使腳跟變得光滑。（資藥）

推薦的商品

●Lavilin足用乳霜／塗抹後，可讓令人在意的悶熱和有氣味的腳，整天都保持清爽。（Ke）

推薦的商品

●Ag＋足用噴霧劑Ca／以銀的殺菌力阻斷腳臭來源！（資）

鞋子的保養

推薦的商品

●簡單鞋用新鮮除臭噴霧劑／抑制氣味、悶、發黏，保持鞋內清爽舒適。（Man）

保持乾淨的手和手指

俐落男人的必備技巧！保持指尖乾淨的手部保養

一直保養到指甲，是俐落男人的必須條件。
手部保養的目標不是僅僅只有保持清潔。

俐落技巧

由身體的內外側開始雙管齊下進行手部保養

手部的保養由身體內外側的雙重保養來決定成敗。不管哪一種方式都是能夠快速實行，而且相當有效的護理。

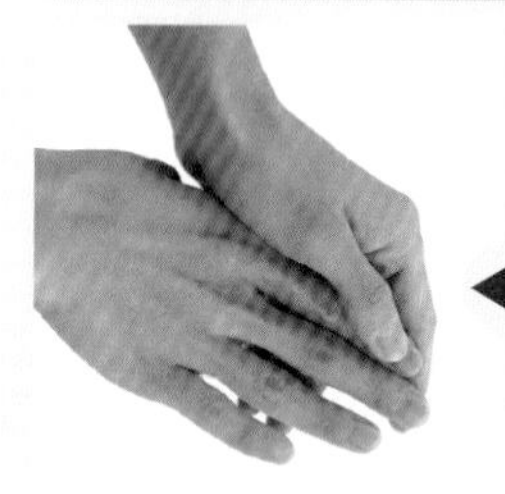

指尖、手指的筋、指間都要確實塗抹到乳霜。容易忘記的部位，都要確實塗抹。

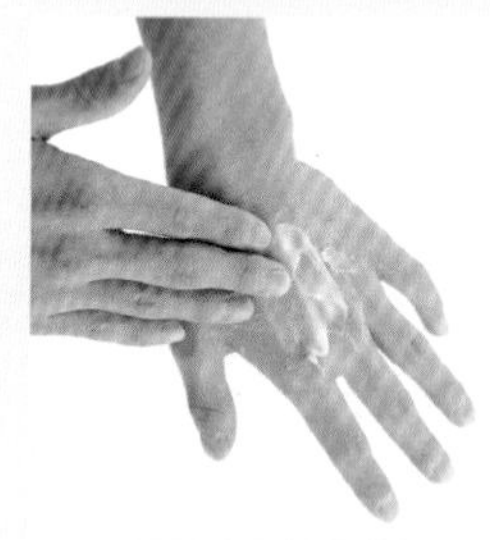

把乳霜擠在手背上，然後輕輕塗抹到手掌和手腕上。乳霜的量約等於櫻桃的2～3個。

Outside技巧

以護手乳霜滋潤手＆手指

手背或手指的皺紋，是略做保養即可改善。建議夜晚就寢前或在意乾燥時，就塗抹。

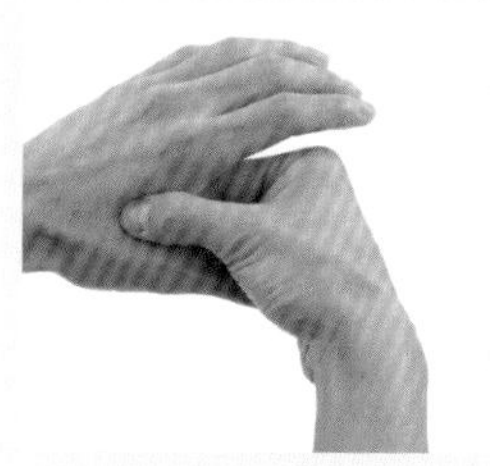

以拇指刺激指間。透過刺激，亦可促進淋巴的流通。

Inside技巧

以手部按摩變成有彈性的肌膚

隨時隨地都能輕鬆進行的手部按摩，可讓皮膚從內側變得有彈性且漂亮。比起僅塗抹乳霜，更為有效果。

「連指尖都漂亮」是俐落男人的證明

不只是女性，現在的男性也認為指尖或指甲的保養是理所當然的事。不只是保持乾淨，進一步變得漂亮的保養，才是等級更高的男人。

以滑柔的指尖為目標，立即進行保養。養成勤於檢查指尖的習慣。

KEYPOINT 滿分5顆★

- □使用護手霜【★★★★★】
- □正確的手部按摩【★★★★★】
- □指甲的保養也要【★★★★★】

女性會確實看到男人的指尖。千萬別小覷這部位。

美麗指甲特別講座！

清潔指甲，是俐落男人當然的要事。在此介紹進一步讓指甲變漂亮的技巧。

■利用銼刀來保養

剪好指甲後，一定要用銼刀把切口修整平滑。

1 以45～90度的角度使用銼刀

以45～90度的角度抵住銼刀，為理想的角度。一定要維持這個角度。

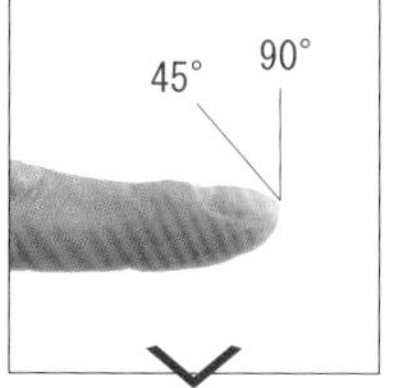

2 修整成平滑

以相同方向來銼指甲為基本。從右或從左交互地銼是不行的。

POINT

塗抹乳液也是呈現光澤方法之一

使用銼刀磨好之後，無法呈現光澤的人，塗抹乳液也是一種方法。面霜或護手霜都OK。

■確認理想的指甲形態

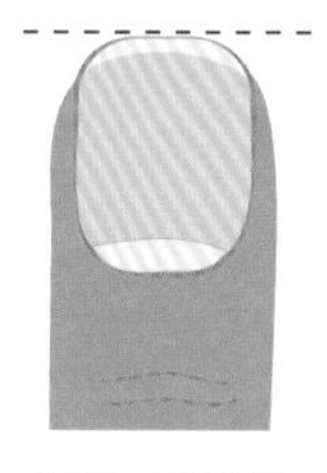

指甲剪得太深是不行的白的部分是必要的

適度的指甲長度，是稍微保留白色部分。

這些地方也要檢查

須注意龜裂的指尖

龜裂會令人格外地醒目。必須特別注意。

累積在指甲內的污垢

有黑點污穢的指甲是不行的。勤洗手非常地重要。

POINT

使用也能銼出光澤的銼刀

推薦的商品

使用不僅可讓表面凹凸不平的指甲變得平滑，甚至可以發出光澤的銼刀，更增添指甲的美麗度。

●GB 指甲保養用具。（Man）

光溜溜的也會帶來困擾……

看起來清潔！男人無用處體毛的處理

漆黑無用處的體毛，因人也會給人不快的感覺。
適度處理無用處的體毛，以顯清潔極為重要。

俐落技巧 隱藏！變得不醒目！快速處理無用處體毛的技巧

不花時間就能處理無用處體毛的方式，建議採用隱藏或變得不醒目的方式。因體毛濃密而困惱的人必讀！

變得不醒目

利用專用的電動刮毛刀刮除在意的無用處的體毛

體毛濃密的人，必須某程度剃除。利用能輕鬆修剪成適當長度的專用電動刮毛刀。

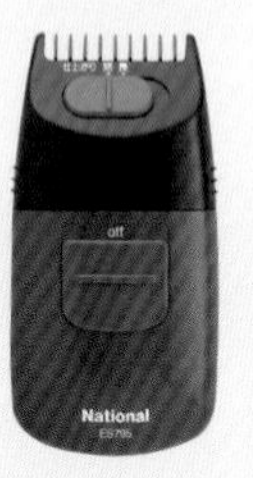

●腿毛電動刮毛刀／可以讓腿部無用處的體毛變淡薄，自然除毛！只是刮除體毛，不會傷到皮膚。（松）

隱藏

透過穿著聰明覆蓋無用處的體毛

讓無用處的體毛不醒目的穿著法，就不會帶給對方不快的印象。

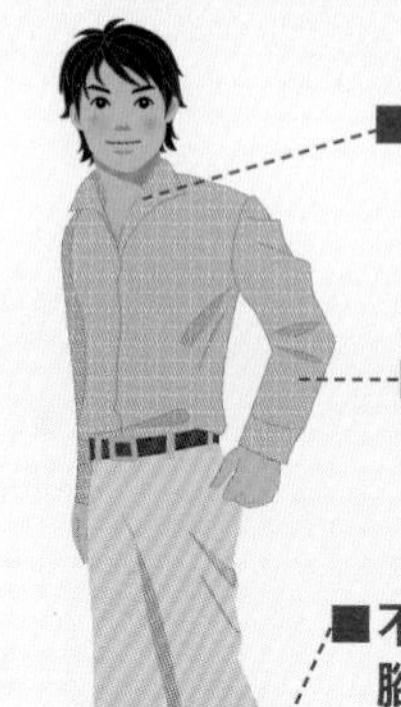

POINT

染色也是一種方法

在意無用處體毛的人，可利用市售的專用無用處體毛脱色劑。如此一來，無用處的體毛就不會醒目。

有無清潔感，重點在於處理無用處體毛

以為只有女性會處理無用處的體毛，其實是錯誤的觀念。有時，男性也有必要做處理。究竟是在甚麼時候做處理呢？

感覺到是無用處體毛的標準會因人而異。只不過，可以將是否帶給對方不清潔感作為一種基準。好好把握這重點。

KEYPOINT 滿分5顆★

□隱藏
【★★★★☆】

□不醒目
【★★★★☆】

□了解無用處體毛的基準
【★★★★★】

為了不讓對方覺得「不清潔」，善用符合自己的技巧。

令人在意的無用處體毛一覽表

無用處體毛的判斷標準會因人而異。身邊周圍的人覺得如何呢？以下說明其答案。

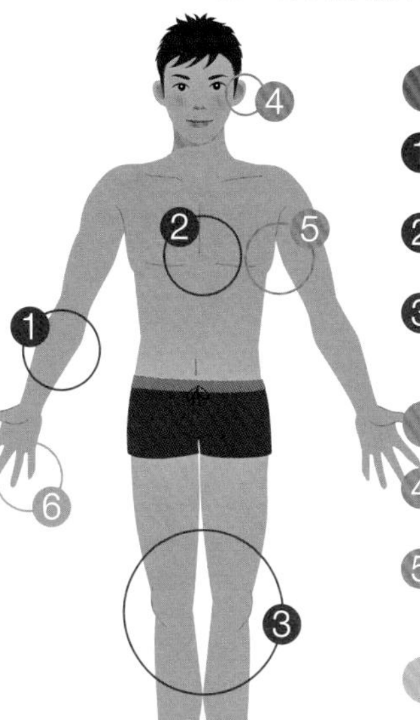

醒目度：大

❶手臂的毛 穿T恤就會很醒目。體毛一旦醒目，必定降低形象。

❷胸毛 從胸部稍微可看到的毛一多，也會給人不快感。

❸大腿&小腿 也有人對體毛太濃密會產生抵抗感。避免穿著短褲最為理想。

醒目度：中

❹耳毛 面向側邊時，會露出耳毛是不好的。妥善修剪是不可或缺的。

❺腋毛 腋毛濃密不僅會給人不良印象，也會有不清潔的形象。

醒目度：小

❻手指&腳趾 長的空間雖然是狹小，但毛一旦醒目，就會給人不快的印象。

POINT

小麥色的肌膚可讓無用處體毛變得不醒目

尤其容易在意無用處體毛的是「膚色白」的人。「膚色白且無用處體毛多」的人，作輕度日光浴也ＯＫ。小麥色肌膚的人，看起來也比較健康。

立即從今天開始

以短時間達成大效果！輕鬆的運動

以下介紹在短時間就能做的運動。
非常簡單，不會變成只有三分鐘熱度！

肌膚有活力！神清氣爽！1分鐘伸展操

可促進身體的血液循環，改善新陳代謝的伸展操。變成健康且不容易肥胖的身體。

POINT

重要的3項要點

- 早晨進行效果較佳
- 慢慢進行
- 下半身不動

START

兩手在頭上交叉

兩腳稍微張開站立，兩手交叉抬高到頭上。手掌朝向天花板。

上半身向右彎曲

注意腰以下不動，把上半身彎向右邊，保持10秒。注意別讓身體往前傾。

上半身向左彎曲

注意腰以下不動，把上半身彎向左邊，保持10秒。注意別讓身體往前傾。

連三分鐘熱度的人也能持續的簡單運動！

雖然開始做運動了，卻無法持續三分鐘熱度的人，建議進行這項運動！僅以短時間，在不勉強之下就能進行，因此，一定可以長久持續。

每天持續做，就能提高運動的效果，使身體產生變化。

KEYPOINT 滿分5顆★

□身體清爽
【★★★★★】

□腹部縮小
【★★★★★】

□每日持續
【★★★★☆】

1日至少做1次運動。

再推一步的技巧

消除肌肉鬆弛！腹部運動

可以讓腸的蠕動變活潑，確實消化所吃食物的輕鬆腹肌運動。可讓鬆弛的腹部變得緊實。

START

仰臥彎曲雙膝

仰臥，兩手在頭下交叉。兩膝彎曲90度，兩腳稍微張開。

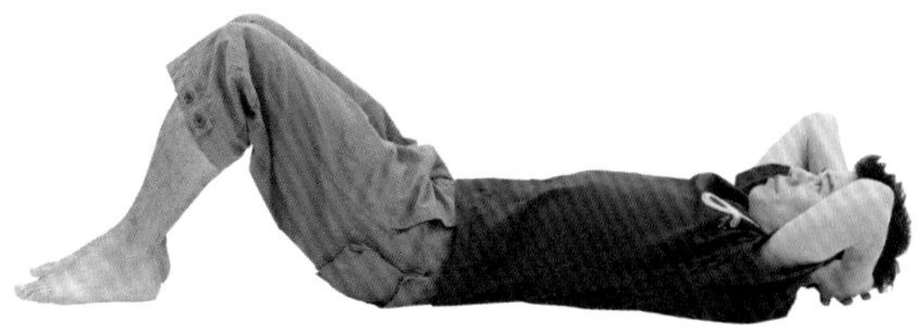

慢慢抬起頭

邊「哈」的吐氣，邊慢慢抬起頭，保持10秒。

POINT

重要的3項要點

●夜晚進行效果較佳
●意識腹肌
●保持10秒，不勉強。

反覆做2～3次

兩腳不彎曲，抬高

保持兩手貼著地板的仰臥姿勢。膝蓋不彎曲，兩腳併攏抬高保持10秒。腹部用力為要點。

回復健康的肌膚

提高肌膚的彈性&光澤的全身護膚

肌膚的狀況不良時，看起來就非常不健康。
以沐浴後的保養和改善日常生活為關鍵。

俐落技巧 對身體各部位做集中保養技巧！沐浴後使用保濕用品

對沐浴後無防備的肌膚進行保濕保養，是很重要的。作為沐浴時間最後的保養來進行。

推薦的商品

●Johnson's®柔軟乳液™特別保養24小時／不會油膩的用品。（Jo）

POINT

容易乾燥的各部位排行榜

雖是相同的身體，但不同部位會讓乾燥度有所差異。確實記住容易乾燥的部分，細心做好保養。

第1位：膝蓋下
第2位：手臂
第3位：大腿

依身體的部位別，分別使用保濕用品

全身 ⇒化妝水類型	化妝水，是能使用在身體任何部位的萬能選手。重點是充分塗抹。
腳、手臂、胸前 ⇒乳霜	塗抹好身體化妝水之後，塗抹乳霜以防水分流失。在預防乾燥上相當有效。
手肘、膝蓋 ⇒乳液	容易乾燥的手肘、膝蓋，選用較濃稠類型的乳液。確實給予滋潤。
腳跟 ⇒乳液	粗糙的腳跟角質，建議使用專用的乳液。可乾淨地去除角質。

沐浴後，做全身保濕保養

沐浴後的肌膚，會變成水分容易流失而乾燥的肌膚，是處在非常無防備的狀態。因此，必須確實做好沐浴後的保養。

沐浴後保養，保濕用品的使用法也是非常重要。須按照身體的各部位別，分別使用。

KEYPOINT 滿分5顆★

□沐浴後保養
【★★★★★】
□使用保濕用品
【★★★★★】
□改善日常的行動
【★★★★☆】

不僅沐浴後的保養重要，日常的行動也要注意。

重新評估「日常的行動」，使肌膚變得有活力

潛藏於您日常裡的行動，促使肌膚狀況變差的情形竟然出乎意料地多。確實重新評估吧！

■有損肌膚新陳代謝的睡眠不足

睡眠不足，是損害肌膚新陳代謝的最大原因。必須注意。

■壓力是肌膚毛病之源

壓力，會使荷爾蒙分泌失衡，進而引起肌膚毛病。

■偏食潛藏危機

飲食的偏頗，帶給肌膚不良影響。飲食一定要保持均衡。

■香菸是美肌的大敵

香菸，會奪取美肌不可或缺的維他命C。請思考皮膚的問題。

POINT

以營養劑補給營養！身體的內在保養

維他命A

⇒防止乾燥、防止紫外線

可以保持皮膚或黏膜的滋潤、促進新陳代謝的作用、預防肌膚乾燥的維他命。

維他命B

⇒防止肌膚粗糙、預防面皰

在保護皮膚的黏膜上，十分珍貴的營養素。也能讓皮膚順利代謝。

維他命C

⇒預防和消除黑斑、皺紋

有助於皮膚的再生或荷爾蒙分泌，使黑色素變成「無色」化的美肌維他命。

維他命E

⇒防止肌膚老化

促進血液循環、調整荷爾蒙分泌或自律神經，防止老化的維他命。

推薦的商品

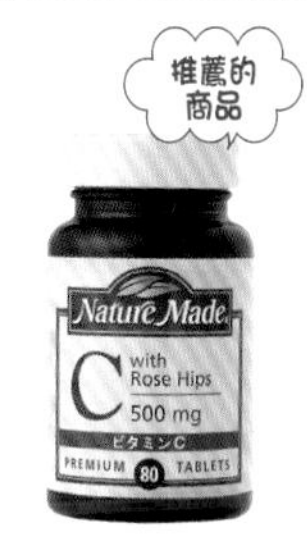

●天然維他命C 500 with Rose Hips／2粒即可攝取充分維他命C 1000mg。（大塚）

「香氣」男深具魅力！

在身上擦有魅力香氣的香水的使用法

可凸顯您的魅力的香水，是禮儀上的重點。
不要帶給周圍的人困擾，在身上微微擦上淡雅的香水。

1分鐘技巧！ 1min

讓香水的使用法變得更聰明 1分鐘香水課程

擦身而過時，微微發出的香味，是適量的香水。讓自己成為能微微發出香味的男人。

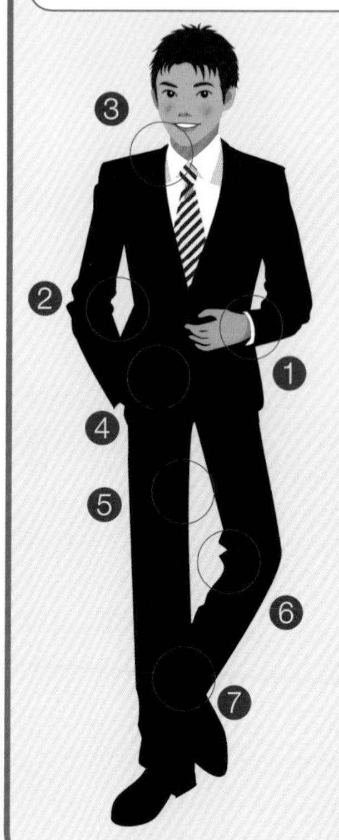

擦香水的要點

一定要擦在肌膚上

如果擦在衣服上，恐怕會和各種氣味相混雜，以致於無法品味本來的香味。

擦在體溫高的部位

擦在手腕有脈動的部分或手肘、膝蓋側等，在身體中體溫高的部位，就容易發出香味。

擦在身體的下方

香氣是從下往上昇華。擦在下半身，就會像包覆身體般發出香味。

擦香水的部位

❶手腕（內側）
❷手肘（內側）
❸肩～頸
❹腰（側邊）
❺大腿（內側）
❻膝蓋（內側）
❼阿基里斯腱（內側）

★把少量的香水擦在身體的2～3處！

POINT

不知不覺中會擦得過多，要注意

香氣，自己是很難察覺到。不要以為自己聞不到氣味，就擦得過多，必須留意。

KEYPOINT 滿分5顆★

□確認擦的部位
【★★★★★】

□學習香水的基本知識
【★★★★★】

□聰明地選擇香水
【★★★★☆】

留意在香味依附的最大限度內，試著享受香水的樂趣吧！

注意香味也有使男人形象降低的危險性

忽然間擦身而過時，微微發出香味。能夠把香味調整到這程度，就是使用香水的究極。

如果香味過濃，可能會招來周圍人們的大抱怨。掌握適量、品玩高雅的香味。

香水的基本知識

在此介紹為了正確且聰明地品玩香水的基本知識。若是愛用香水，就必須確實記住！

選擇香水的順序

❶利用香水試紙確認香味

把噴霧器的香水噴在香水試紙上，確認香味

❷擦在皮膚上

香水和體味組合後，香味會有稍微變化的情形，因此找到自己中意的香水時，就擦在皮膚上看看

了解差異分開使用

分類	持續時間（濃度）
Parfum	5～7小時（15～20%）
Eau de Parfum	～5小時（10～15%）
Eau de Toilette	～3小時（5～10%）
Eau de Cologne	～2小時（3～5%）

■使用相同的香水，但香味卻因人而異

不要以為朋友擦的香水很合自己的意，就輕易模仿。儘管是相同的香水，但所發出的香味卻有個人差異。

POINT

以具有魅力的香水提高男人的形象！

Marinnoto 給人清爽形象的香水。適合夏天使用的香水。

Fuzea 具有活力充沛男性印象的香水。

⇒清爽的男性就選「Marinnoto」
⇒精力充沛的男性就選「Fuzea」！

快速、簡單！

1分鐘專欄 1

1min Column

第一印象篇

人的印象，是依據「第一印象」或「外貌」而有良莠之分。培養內在固然重要，但也要留意外在呈現。

Q 注重外觀的人真的占9成嗎？

A 初次見面是以「外觀」判斷印象

「身為男人，與其重視外表，不如內涵來得重要！」擁有如此觀念的男人應該很多。當然，培養內在是不可欠缺的要事。可是，人在判斷對方印象時，有很多部分都是依賴「外觀」所見。尤其初次見面時，這種傾向更加強烈。

美國心理學家阿爾帕得・馬雷比安博士，曾針對「人在和他人初次見面談話時，有哪些項目會影響對對方印象的判斷呢？」進行調查。其結果，如下列圖表所示。

看看結果即知，在初次見面時，比起談話的內容，會更優先從對方的外觀或打扮、表情等決定對對方的印象。牢記「外觀」所帶來的影響力，必有助於提升您的好感度。

決定初次見面的對方印象的比率

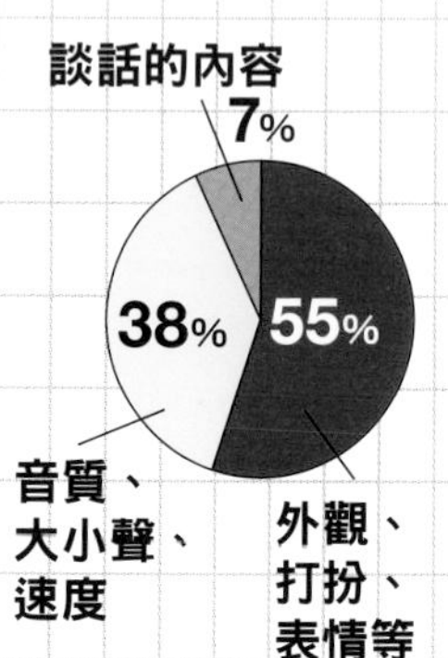

比起談話的內容，「外觀」更能左右人的印象。各位男性千萬別小覷外在呈現。

Lesson2

上班、假日都顯現俐落的男人

服飾穿著技巧

ON-上班風格

- 適合自己的色調選擇法則
- 西裝的選擇法和保養法
- 襯衫的選擇法和保養法
- 領帶的打結法
- V區的搭配法
- 鞋子的選擇法和保養法
- 上班配件的使用法
- 不同體型的綜合搭配法
- 不同場合的綜合搭配法

OFF-假日風格

- 西裝的假日利用法
- 顯現自己理想的搭配法
- 現有衣服最大利用輪穿法
- 整年可用的5件輪穿法

FASHION TECHNIC

Lesson2

男人服飾穿著技巧的基本

無論上班或假日都穿著得體

確認色調的使用法

確認色調的使用法

可利用在日常生活上的色調的心理效果

P64頁 GO!!

平時不會很在意挑選西裝服飾的色調。但事實上，會帶來各種的影響。須了解色調的心理效果。

找到適合自己的色調！膚色判斷法

P62頁 GO!!

好不容易才買到流行的西裝服飾，但似乎不太適合自己。以下教導解決這項煩惱的色調尋找法。

搖身變成外觀也是俐落的男人！

決定「ON」的上班風格

依不同體型、場合的綜合搭配法

P82頁 GO!!

依據體型魁梧的人或修長的人等體型別，開會之日或道歉之日等場合別，徹底指導適合的服飾穿著風格。

複習基本的服飾品項

P66頁 GO!!

西裝、襯衫、鞋子。在上班型式上所使用的品項繁多。從選擇法到保養法，確實學會。

希望穿著得體來工作的上班風格。
雖是悠閒，卻希望具有時尚感的假日風格。
徹底指導決定男人外觀的服飾穿著技巧。

享受假日的時尚打扮

在「OFF」變成理想的自己的假日風格

以現有的和添購的聰明輪穿和得宜的穿法

P90頁 GO!!

從現有衣服的得宜穿法，到1件件輪穿法，徹底網羅假日的服飾時尚穿著技巧。

變成理想的自己的搭配法

P86頁 GO!!

有人希望看起來清爽，有人則希望看起來有知性。以下介紹可搖身變成理想的自己的搭配法。

找到適合自己的色調

瞬間扭轉印象的色調的選擇法

在思考西裝服飾的搭配之前，首先從色調的搭配開始想起。
選擇適合自己的色調、提升好印象的色調。

1分鐘技巧！ 1min

適合自己的色調，是以膚色為判斷秘訣！

其實，人的膚色有2種類型，個別適合的色調有所差別。
透過以下的檢查事項，可立即了解適合您的色調！

帶有藍色調肌膚的人

- **膚色白、黑眼、黑髮**
- **在手或肌膚上有粉紅色系的色調**

選擇在基底帶有藍色的顏色！

藍或深藍、灰或黑色最為適合。基本上棕色不太適合，不過選擇接近單一色的就ＯＫ。選擇白襯衫時，就選略帶藍色的雪白為宜。

其他適合的顏色

粉紅色　天空藍　檸檬黃　祖母綠　海軍藍

帶有黃色調肌膚的人

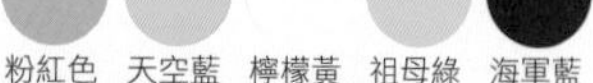

- **血色好的臉、棕色的眼睛、棕髮**
- **在手或肌膚上帶有紅色或黃色**

選擇在基底帶有黃色的顏色！

非常適合棕色或黃色、綠色。想穿藍色衣服時，選擇帶綠色的就ＯＫ。選擇白襯衫時，與其選擇雪白，不如略帶黃色的米黃色更為理想。要避免選擇灰色。

其他適合的顏色

鮭魚紅　青綠色　芥末色　卡其色　棕褐色

精通顏色的選擇，變成給人好印象的男人！

即使裝扮時髦，但色調不適合自己，或者和當場氣氛不符合時，終究是徒勞無功。色調的選擇，正是裝扮上不可或缺的重要因素。

當然是適合自己的色調，不過也要符合當場的色調。

KEYPOINT 滿分5顆★

- □以膚色為關鍵 【★★★★★】
- □了解TPO(時間、地點、場合) 【★★★★☆】
- □困擾時就選單一色 【★★★☆☆】

忙碌時、困擾時，就選擇單一色的衣服。

俐落技巧 顯現理想的自己的配色技巧

希望在重要時刻，顯現比平時更好的自己。在此確認能夠顯現理想的自己的配色技巧。

看起來成熟

看起來比實際年齡稚嫩的人，以單一色為基底來思考較佳。在白色襯衫上，搭配黑色或深藍色。

看起來修長

選擇深色系，看起來有收縮作用的為佳。想穿深藍色或灰色時，就選不是很明亮的，而是深濃的色調。

看起來魁梧

黑色是收縮色。看起來會比實物小且可愛。如果在意較矮小的體格，就穿著膨脹色略為明亮的顏色、米白色或米黃色。

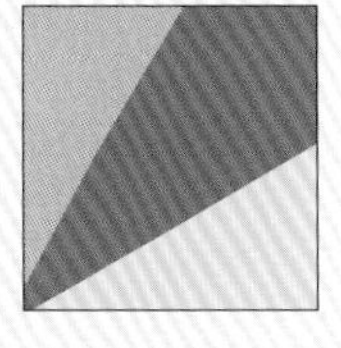

看起來年輕

長相較老態的人，穿暗色系的衣服，看起來會顯得更老，如果想穿棕色系的衣服，就選米白色。想穿黑色系的衣服，就選淺灰色的。

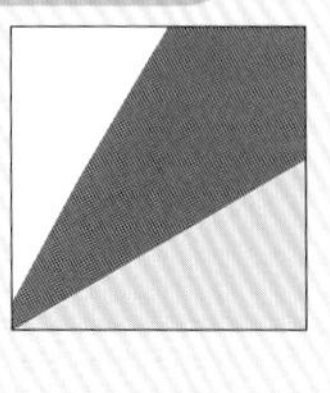

POINT

感到困惑時，就以單一色或同系色來配色！

若對配色感到迷惑，則選擇單一色或同系色是不會失敗的。以單一色決定瀟灑也不錯，以自己喜愛的顏色、適合自己的顏色為基底的同系色決定素雅也很好。以此方法僅需1分鐘，即可決定今日的色調搭配。

了解顏色所帶來的心理效果！

色彩，具有喚起人的感情的影響力。了解顏色所帶來的心理效果，精通符合TPO的選色法。

有彩色 除了黑色、灰色、白色以外的所有顏色，稱為有彩色。

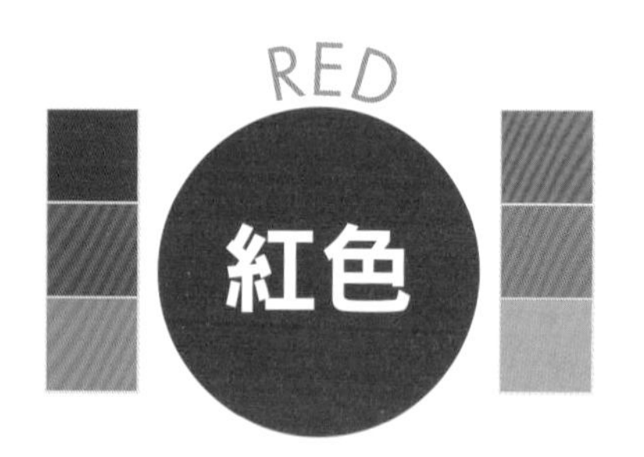

■熱情、熱力形象的顏色

紅色，是最顯眼的顏色。想要毛遂自薦，或者希望別人注意自己時，就在領帶等使用這顏色。只不過，分量太多會喚起燜熱的形象，或因過於熱情而喚起恐懼或暴力的形象，必須注意。

黃色

■希望、開放感形象的顏色

黃色，是刺激大腦的顏色，會讓人聯想到明朗或希望、未來、喜悅的顏色。此外，也是顯眼的顏色，具有看起來活潑的效果。只不過，相反的也會帶來稚嫩的形象，因此，可使用奶油系的黃色，以減少黃色的分量。

■消除疲勞、帶來祥和的顏色

綠色，是植物或山脈、森林等自然形象的顏色。是具有消除人們的疲勞、帶來祥和使心靈穩定之心理效果的顏色。由於具有和平和安心感形象，衝擊性弱的顏色，因此不適合應用在要表現自己的簡報場合。

■冷靜、知性形象的顏色

藍色，是穩定或知性形象的顏色。會給予多數人良好的印象，因此，可應用在各種工作的場合。此外，亦可提高集中力，因此，想要埋頭於工作或戮力課業時，穿著在身上就有效果。亦有鎮靜精神的作用。

■幸福或安詳感的顏色

粉紅色，具有能帶來幸福感或安詳，穩定、緩和心靈的效果，因此，和易怒的人會面時，穿著在身上就〇。此外，粉紅色具有促進女性荷爾蒙的作用，對抗老化有所助益，因此和女性見面時可以使用看看。

■活力、溫暖形象的顏色

橙色，是紅色和黃色的混合色，因此，兼備紅色的熱情和黃色的明朗、開放感的形象。此外，也是具有活潑內分泌或增進食慾效果的顏色，因此應用在用餐的場合，可讓彼此的談話熱絡，增進用餐的歡樂。

■緩和緊張，帶來穩定的顏色

棕色，是能夠讓人感受到木質溫暖的顏色，從身心解除緊張的顏色。雖非顯眼的顏色，但可融和於周圍，休養生息。此外，也有大地穩重的安定感形象，因此可帶給對方信賴感。

■高貴形象的神祕性顏色

紫色，在古時候是統治者為了顯示自己的權力和財力所使用的顏色。為此，在具有高貴或高雅等優雅形象的反面，也會帶來恐懼或不安形象的顏色。雖是紅色和藍色的混合色，但難以配色，可以和店員討論看看。

無彩色 黑色、灰色、白色等，和其他有彩色作區別，稱為無彩色。

能感受到清潔感或清涼感的顏色。和其他顏色的搭配性俱佳，是容易使用的顏色。

能感受到重量感和威嚴的顏色。也是抑制感情的顏色。和白色搭配，會帶來緊張感。

為了看起來帥勁得宜的西裝穿著法

好不容易才購買的西裝，穿得皺紋或有斑點就徒勞無功了。
再一次重新評估穿著西裝的姿態。

以上班前的3個技巧，變得帥勁得體！

早晨出門前，只要做到這幾個動作，就可以讓平常穿著的西裝為之一變。切勿忘記這些小技巧。

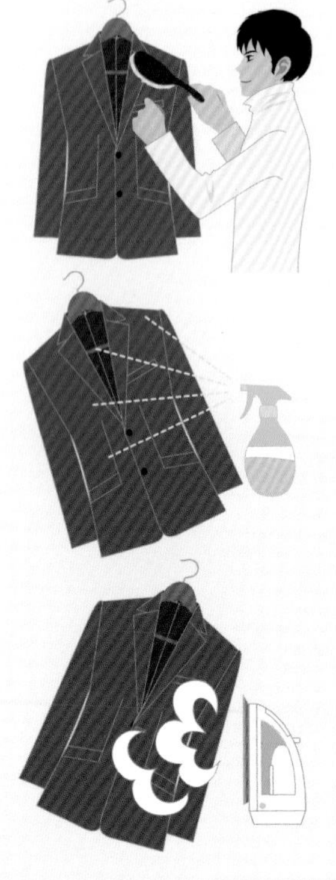

technic 1 刷

確實刷掉塵埃或污垢、毛髮等。從上往下，沿著布料的紋路，仔細地刷。褲子當然也要，口袋週圍也要確實地刷。

technic 2 噴灑除臭劑

如果前一晚有餐會等，西裝上會沾惹香菸或料理等令人掩鼻的氣味。因此，須使用市售的除臭噴霧劑。絕對不可以把香水噴灑在衣服上。

technic 3 蒸氣熨斗

出現皺紋的西裝，使用蒸汽熨斗處理就會變得煥然一新。蒸氣容易消除皺紋，穿起來也變得舒適。

以西裝姿態決定男人的價值感

工作幹練的男性，外觀西裝姿態也是筆挺的。反之，若是穿著邋遢的西裝，儘管在工作上有成績，但可能會給周圍的人判斷是無能的人。

重新評估自己的西裝姿態，搖身一變成為帥勁得體的男人。

KEYPOINT 滿分5顆★

□試穿很重要
【★★★★★】

□保養
【★★★★★】

□上、下都要注意
【★★★★☆】

西裝是上班的戰鬥服，因此全身都要穿著得體。

試穿時的8項確認事項

購買西裝時，一定要試穿，檢查是否符合自己體型與風格。把握以下的8項要點就OK。

■ CHECK1
肩寬是否吻合！
過大或過小都不行。西裝的肩膀是否吻合，是關鍵所在。

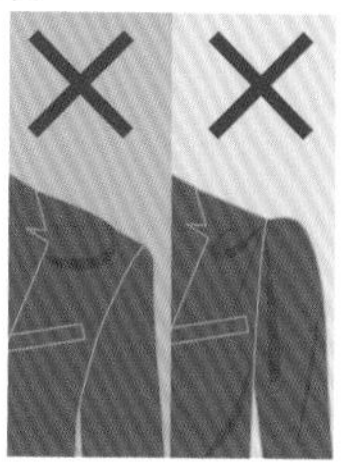

■ CHECK2
釦子是單排釦
若要把握基本原則，那麼選擇單排釦的3個釦子或2個釦子。

■ CHECK3
對著鏡子檢查！
不要完全委託店員，一定要對著鏡子看全身作確認。此時，距離鏡子1公尺以上。

■ CHECK4
選擇材質高級的！
以為便宜，而選購材質不佳的西裝，相信很快就不能穿了。

■ CHECK5
依臉型選擇衣領的形狀
臉部線條是曲線的人，就選帶圓弧的菱形衣領。

■ CHECK6
胸部是否太寬鬆！
和肩膀一樣，胸部也是西裝姿態的重要要點。太緊、太鬆都不行。

■ CHECK7
衣長、袖子是否太短！
袖子是以隱藏手腕的長度最為理想。衣長，則是能掩蓋整個臀部為佳。

■ CHECK8
褲長是否太短！
長褲的長度，以達到鞋面上為基本。

提升一級

定期實施西裝的保養法

確實做好保養的西裝，不僅看的人，連穿著的您都會感到舒服。千萬不要忽略定期性的西裝保養。

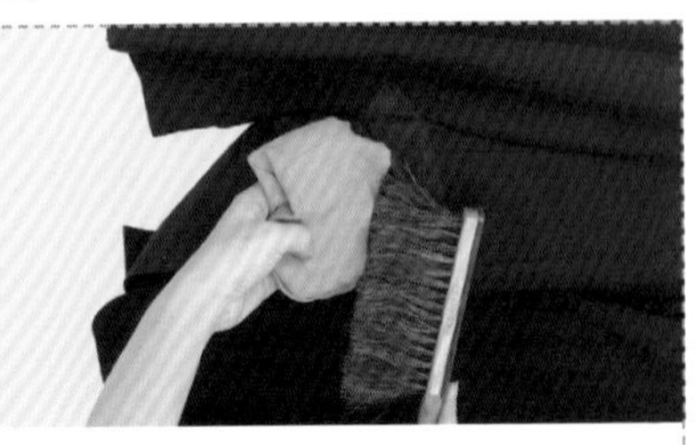

1 刷口袋

首先，刷掉污垢或灰塵等看得到的污穢。最先要清除的，就是口袋內。把口袋翻面，用刷子確實刷乾淨裡面的垃圾。

2 刷上衣

按照衣領→肩膀→袖子→前身→後身的順序，沿著布料的紋路刷下來。從上往下，仔細地刷。如此即可讓西裝更耐穿。

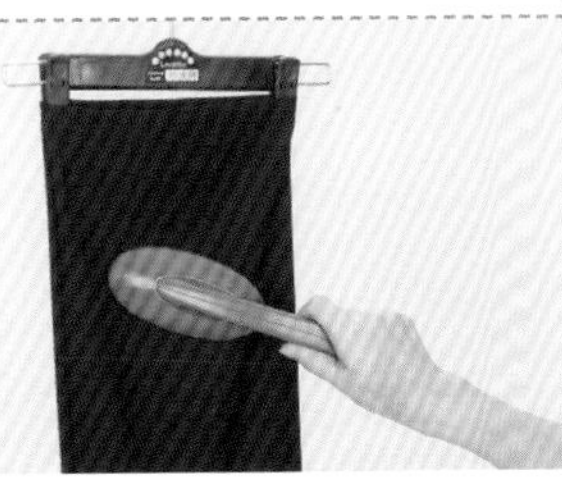

3 刷長褲

長褲，需掛在長褲用衣架上。把口袋翻面，刷好口袋內之後，再和上衣一樣刷整體。

4 噴灑去除皺紋劑

在市售的去皺紋劑中，也有不少可去除氣味的種類。在皺紋明顯的部分，噴灑到潮濕程度後，輕輕伸展開。

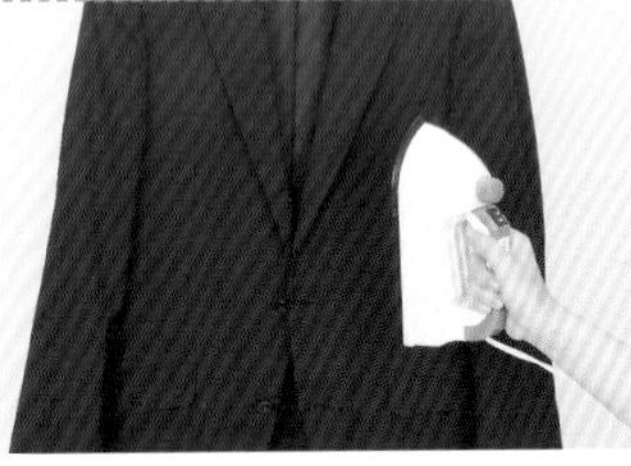

5 用蒸氣熨斗熨燙

使用蒸氣熨斗去除整套衣服的皺紋。若有時間，之後，就以掛在衣架上的狀態放著也不錯。若長褲有燙線的話，用這個方法可去除皺紋，而且可讓線條更漂亮。

頑固的皺紋…

即使使用去皺紋劑或蒸氣熨斗，還是無法去除皺紋時，就墊著一塊布用熨斗燙。把手帕等墊在西裝上，再從上面用低溫的熨斗燙。如果直接燙，恐怕有傷害材質之虞，要注意！

POINT

有油漬、污垢時怎麼辦呢？ 介紹沾到醬油或酒類、奇異筆時的保養法。

油漬時

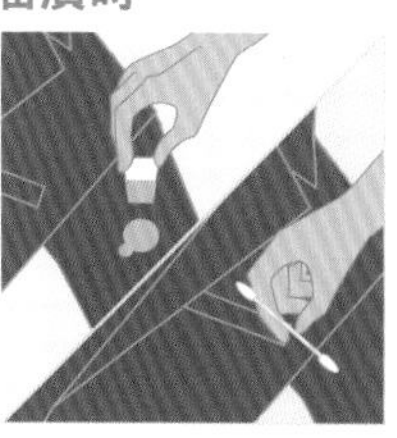

輕度污穢時

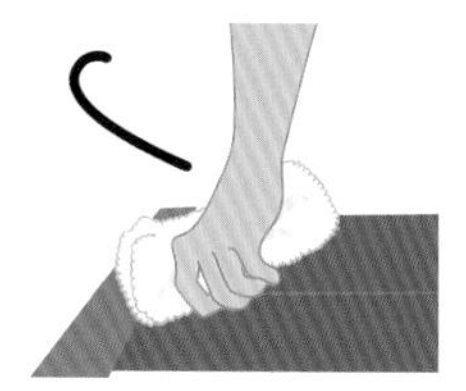

在去除油漬、污穢後，用毛巾吸取多餘的水分，再陰乾。濕氣是西裝的大敵，因此必須讓水分確實蒸發掉。避免直接日曬。

沾到原子筆或粉底等油性污穢時，可用棉花棒沾取市售的去油漬劑，直接讓液體滲染進布料裡。

沾到醬油或酒類等水溶性的污穢時，使用打濕擰乾的毛巾等吸取即可。不要用力擦，而是用拍打的方式來吸取。

可以在家裡自己清洗的水洗型西裝是哪些種類呢？

有所謂可以水洗的水洗型西裝，不過包含可以在家裡洗的，以及送洗衣店洗的2種。右邊的標示，是可以在家裡清洗的種類，不過，還是先確認附在衣料上的說明書後再清洗。

送洗衣店時的檢查事項！

一季送洗衣店清洗一次是必要的。確認這3項之後，再送洗衣店。

1 上下一起

雖然只有長褲弄髒，但為了防止褪色的差異，必須上下整套送洗。

2 先處理好脫線的部分

快脫落的鈕子，會有在送洗之間遺失的情形。因此，有脫線情形的話必須先處理好。

3 確認口袋內！

有忘記在口袋內的零錢或名片等雜物，必須確認。

襯衫決定男人的品格

符合自己的襯衫選擇法

從西裝的V區露出的襯衫。從衣領的形狀，到花紋、熨燙的情形都要仔細斟酌，就能穿出帥勁得體。

今天穿這種類型！一次檢索襯衫

總之，襯衫從衣領的形狀到顏色、花紋等種類繁多！挑選類型，快速決定今天要穿的襯衫。

類型	顏色＆花紋	衣領的形狀
穩重時 開會等日子	**白色、淺藍色** 這2種顏色最為理想	**正規領子** 最傳統的領子形狀。任何類型的日子均可應用。
假日休閒時 放鬆也OK之日	**條紋、方格** 穿著有顏色的襯衫也OK！不過，在此穿著有花紋的可顯時尚感。	**領子上有釦子的** 在領子上有釦子的種類。最適合假日休閒的日子。
優雅時 拜訪之日	**淡色、細條紋** 細條紋是顯現優雅的王道。粉紅色等淺色的知性相當搭配。	**英國式領子** 領子寬大開敞、英國誕生的衣領。充分顯現優雅氣質。

POINT

基本上，襯衫要穿著長袖的！

或許有人覺得，夏天應該可以穿短袖……，但事實上，短袖的襯衫並不合乎禮儀。必須要選長袖。此外，穿再襯衫裡面的內衣也要注意。絕對不能穿有花紋或U領的內衣。

KEYPOINT 滿分5顆★

- □用熨斗燙過 【★★★★★】
- □短袖的不可以 【★★★★★】
- □衣領、花紋、顏色 【★★★☆☆】

穿著得宜的襯衫姿態，可顯現男人的氣色與帥勁。

別輕忽1件襯衫！

不要以為只是一件襯衫而已。如果從西裝露出的襯衫縐巴巴的，或者在嚴肅的場合穿著方格等假日休閒的襯衫，則將引起他人對您的品味的疑慮。

用熨斗燙平的整齊襯衫，不僅外表給人清爽感，而且能提振心情。

基本技巧 Basic technic　成為無縐紋襯衫的熨斗熨燙法

忘了送到洗衣店時，就自己燙。用以下方法來燙，就能燙出和洗衣店一樣的品質。

1 領子

從領子背面的一側向中央燙。反側也同樣向中央燙，表面也用同樣方式。

2 袖口

從袖口背面的一側向中央燙。反側也同樣向中央燙，表面也用同樣方式。

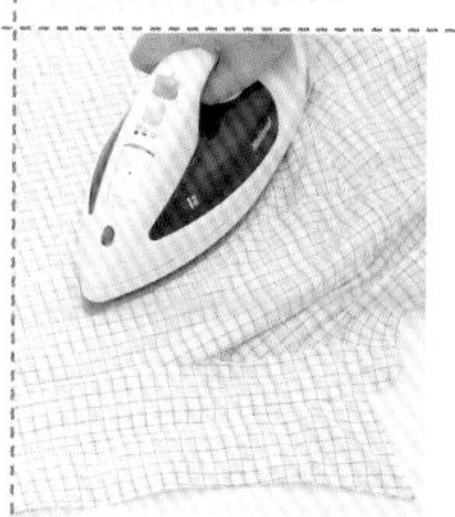

3 肩膀

肩膀部分，是摺疊車縫線部分，邊拉直縐紋邊燙。

4 袖子

摺疊袖子車縫線的部分，燙表面。從肩膀往袖口方向燙。

5 前身

摺疊腋下的車縫線，從右側燙起。釦子周圍是用熨斗的尖端，邊用手輕拉邊燙。

POINT

熨燙時要注意這些！

- 噴霧打濕！
- 細微部分用熨斗的尖端來燙！
- 材質厚的地方，正反兩邊都要燙！

穿著西裝時的焦點！

立即有益的正確領帶打結法

穿著西裝時最引人注目的，恰好是V區的領帶。
確實打好結，可提升他人對您的印象。

立即打好結，傳統型的俐落結法

基本中的基本，首先學會最傳統的結法。這種打結法，即使是不靈巧的人也能馬上打好結。

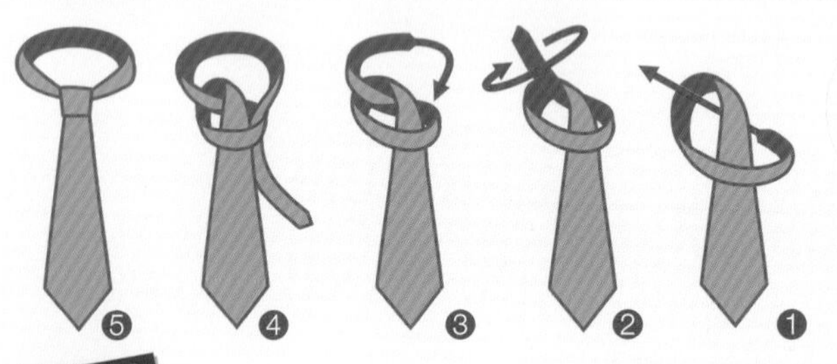

先打好結，再套在脖子上的結法。這樣就不會有無法漂亮打好結的煩惱。

POINT

有凹陷的立體可提升印象！

在領帶打結的下面，用拇指、食指、中指做出一個凹陷。如此即可顯出立體感，產生優雅的氛圍。

普通的傳統型結法…

通常是把領帶套在脖子上，再打結。

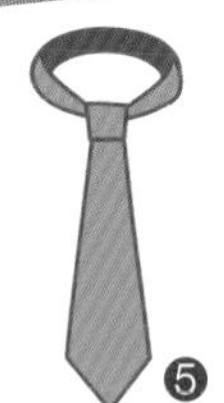

KEYPOINT 滿分5顆★

□形成凹陷的立體感
【★★★★☆】

□左右對稱
【★★★★★】

□長度也很重要
【★★★★☆】

在挑選花紋之前，首先要注意形狀和長度。練習能快速結好領帶的技巧。

配合當場情形改變結法

總是打同樣領帶結的人為數頗多。但是，僅改變領帶的結法，即可完全改變給人的印象。

習得基本的結法之後，也學習其他的結法，配合襯衫做改變。

領帶的3種結法

總是以傳統的結法，是顯不出帥勁的。偶爾改變結法，以顯華麗和優雅。

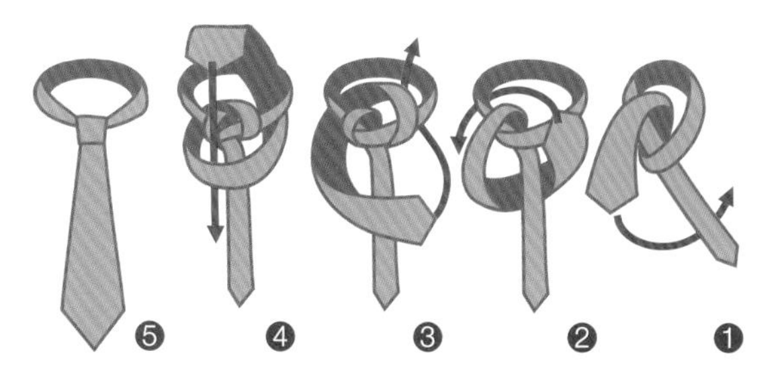

寬衣領的結法

溫莎結法

和英國型衣領非常搭配的粗結。富有優雅的印象。

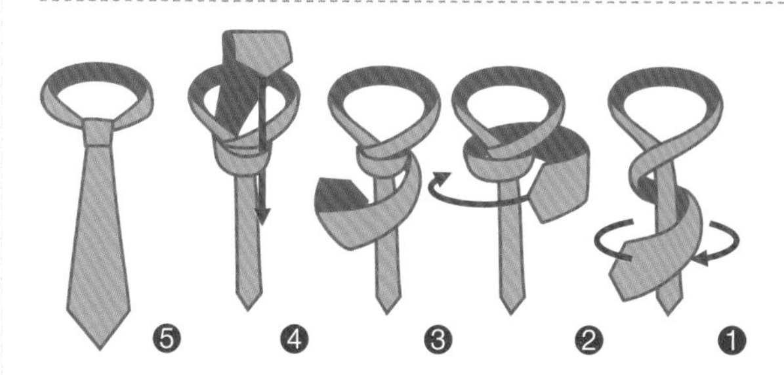

顯現縱長分量的結法

雙結法

覺得傳統結法的分量不足時，可增加厚重感。

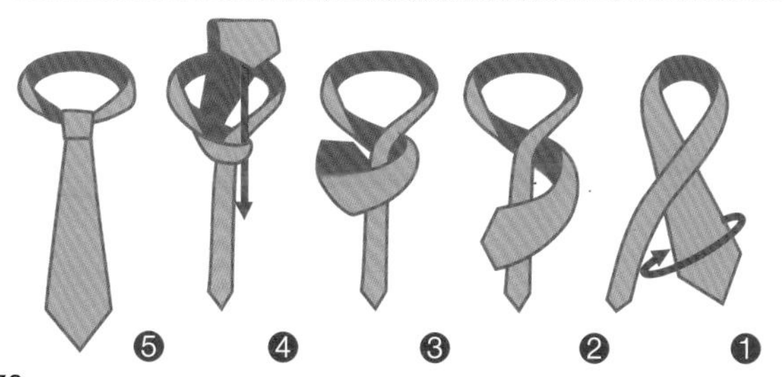

厚領帶的結法

小結法

臉孔小的人，或者使用厚的領帶時，就使用小結法。

透過胸前顯現魅力！

組合佳的 V區搭配術

穿著西裝時最引人注目的，就是胸前。精通西裝、襯衫、領帶的Ｖ區搭配吧！

1分鐘技巧！
1min

領帶×襯衫的搭配，要把握這3項要點！

今天的領帶加上襯衫，這樣就OK嗎？上班之前快速地利用3個重點檢視一遍，以帥氣的胸前裝扮前去上班吧！

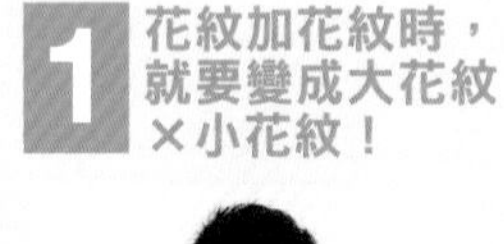

花紋的襯衫和花紋的領帶，搭配起來很困難。如果襯衫是粗格子，領帶就選小紋等小花紋以維持均衡性。如果襯衫是小花紋，領帶就選大花紋！

在方格的襯衫上搭配方格的領帶，也是很困難！請店員搭配的情形另當別論，但靠自己搭配時就要避免。分開看都很不錯，但搭配起來就不是很協調。

3 領帶的長度達到腰釦為基準！

過短或過長都會顯得笨拙，重要的要點是領帶的長度。稍微掩飾腰帶的腰釦程度，為適當的長度。會脫掉上衣的夏季等場合，須特別注意領帶的結法。

裝扮的感性決定於胸前！

在工作職場上能訴求服飾穿著重點的是，胸前的V區。看著對方的嘴部周圍談話才符合禮貌，此時視線當然會走到V區。

即使穿著再好的西裝，但領帶不搭配，就會大大降低給人的印象。

KEYPOINT 滿分5顆★

- □相同的花紋搭配困難 【★★★★★】
- □色調的組合 【★★★★★】
- □方格加方格是不行的 【★★★★★】

不要長時間一成不變，每天靠自己演出V區的搭配。

俐落技巧 教導基本的V區搭配！

儘管西裝較為廉價，但只要領帶和襯衫的搭配得宜，即可提升好幾個等級。

黑色西裝×粉紅色領帶

黑色的西裝若搭配粉紅色等暖色系的領帶，則可變成抑制粉紅色的甜膩性，為較酷的穿法。

條紋×條紋

條紋的西裝和條紋的襯衫搭配，是顯現縱長魅力的最佳搭配。不會給人暗沉的印象。

深藍×葡萄紅的小花紋領帶

深藍搭配葡萄紅，是顯現較為成熟的組合。領帶選用小花紋以凸顯華麗。

灰色西裝×銀色領帶

灰色西裝加銀色領帶，是顯現優雅的搭配。如果襯衫是白的更顯高貴，若是條紋的則能顯現悠閒性。

POINT

白襯衫×深藍西裝×●●領帶？

基本上，白襯衫和深藍素面的西裝，和任何的領帶都能搭配！可搭配自己現有的領帶。若是冬季，建議使用開士米羊毛布料的領帶。

變成體面的足下穿著！

懂得穿鞋，就有時尚感！

以裝扮顯出帥氣的人，連腳下都會很注意。
連腳下都完美的人，就會被視為善於裝扮時尚的人。

選購皮鞋時，把握這3項要點！

購買皮鞋時，以須留意的要點作確認。如果能馬上用這3項要點作確認，就不會失敗！

1 首先選購有鞋帶的皮鞋！

懶佬鞋（loafer）等不綁鞋帶類型的皮鞋，固然容易穿著，但看起來欠缺時尚感。

2 形狀選擇素面的素面鞋或橫條的橫飾鞋

第一雙皮鞋選購素面的素面鞋或橫條的橫飾鞋等萬用皮鞋，就非常方便。在鞋背上沒有裝飾的素面素面鞋，和在鞋背的部分有一橫線的橫飾鞋，二者為任何場合都適合的魅力類型。

老爺型皮鞋不行！

在鞋背的部分有皺褶，或有金屬裝飾釦子的，都通稱為「水餃鞋」，或許方便走路，但絕對不行。

素面的素面鞋（plain toe）

橫條的橫飾鞋（straight tip）

3 顏色是黑色和棕色，2種都買！

每天都會穿的鞋子，最低限度要購買2雙。此時，黑色1雙、棕色1雙，搭配的寬度就大了。

POINT

襪子的搭配也要注意！

腳下穿的不只是鞋子而已！連襪子也要注意。坐下時，會從褲管露出皮膚的過短襪子，或透明的襪子都不行。此外，白色襪子也不行。應該穿符合西裝色調的深色，且有某程度長度的襪子。

意外受到注目的足下裝扮

常聽人說，只要看看腳下，即可了解此人是否懂得打扮。沒錯，在裝扮上也要留意腳下。穿著重視方便行走的便鞋如何呢？

選購有時尚感的鞋子和細心地保養，作為有體面足下的目標。

KEYPOINT 滿分5顆★

□**有鞋帶**
【★★★★★】

□**也要注意襪子**
【★★★★☆】

□**透過保養穿得更久**
【★★★☆☆】

漂亮的腳下，會打動女性的心。透過保養更顯亮眼。

基本技巧 Basic technic

以正確的保養照顧適合你的所有鞋子

高價的皮鞋，希望能夠用得更長久。只要定期保養、修補鞋跟等，即可用得更長久。

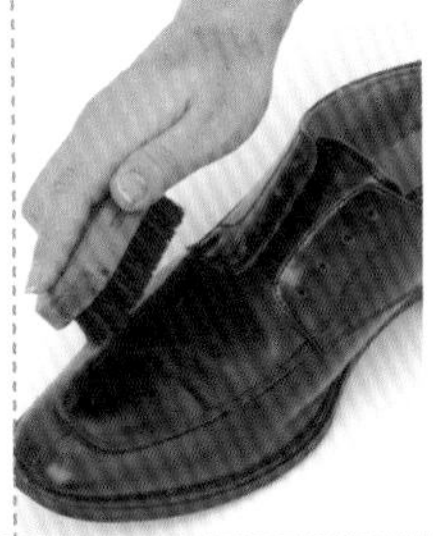

1
刷整體

有鞋帶的鞋子先取下鞋帶，使用皮鞋專用的刷子，刷掉沾附的灰塵或污垢。

2
刷細部

鞋帶穿過的部分或和底部的接縫部分等細微的地方，使用報廢的牙刷等刷掉污垢。

3
擦鞋油

使用報廢的毛巾或薄的布料，擦皮鞋用的鞋油來磨亮。顯出光澤和亮度。

4
最後的修飾

再刷一次刷掉塵埃後，在整體上噴防水液。

POINT

沾濕後的保養也要萬全！

被雨打濕回家的皮鞋，是否就直接收入鞋櫃內呢？皮革是不耐雨的製品。把皮鞋放在重疊的報紙上，鞋內也塞入衛生紙等，以利快速吸取水氣。僅僅如此，即可讓鞋子穿得更長久。

以一件小配件可讓印象驟變！

帥氣上班小配件的選購法

決定好服裝之後，接著學習身為社會人士必須使用的小配件。
諸如公事包、腰帶、袖釦等等，各式各樣的小配件。

僅改變公事包的提法，即可顯現俐落男人的形象！

隨便提拿公事包，會有損自己的形象。雖是廉價的提包，但僅改變提法，即可扭轉外表的觀感。

提拿包包要伸直背肌，用單手提才是體面的提法。放入較重文件的提包，用單手提看起來很有帥勁。

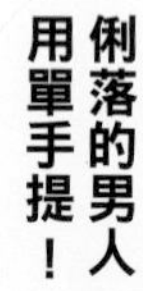

←掛肩

像是老先生的提法。背帶太短，會變成像收款人的模樣。過長，則給人欠缺時尚感的俗樣。

斜背→

已經告別學生時代，成為社會人士了。這樣的背法會讓西裝起縐，而且太優閒，欠缺緊張感。

俐落的男人用單手提！

POINT

這樣的提包不宜！

不宜選購的提包，是老先生拿的無肩帶小包包或有背帶的小包包。此外，女用包也不適合上班族男性使用。皮革製的上班公事包最為理想，若考慮便利性，則尼龍製的也ＯＫ。

上班小配件有頗深的學問

一言以蔽之，所謂上班小配件，從公事包到袖釦、領帶夾等等種類繁多。要備齊全部有些困難，因此首先從公事包等基本的小配件開始聰明選購。

一定要有上班小配件是能夠點綴西裝姿態，增添風采的有力物品。

KEYPOINT 滿分5顆★

□首先是公事包
【★★★★★】

□其次是腰帶
【★★★★★】

□高級者再搭配飾巾
【★★★☆☆】

如果想成為俐落男人的形象，就從西裝口袋自然露出飾巾。

俐落技巧 腰帶的選擇，是以顏色和形狀為要點！

擁有「腰帶是為了束緊長褲用的配件」觀念的各位男性！要知道，周圍的人都會確實查看您所繫的是甚麼樣的腰帶。

STEP 1 腰帶的顏色和皮鞋的顏色絕對要搭配！

皮鞋是黑色的，腰帶是棕色的。這樣的色調搭配並不協調。若是黑色皮鞋，就要搭配黑色的腰帶。

POINT

腰帶的形狀也和皮鞋搭配，就更理想

若穿義大利鞋，就繫四方腰釦的腰帶；若穿英國鞋，則以圓形腰釦的腰帶較為搭配。

STEP 2 領帶要和腰帶的顏色同色系！

決定好腰帶和皮鞋之後，領帶就選擇同色系的色調來搭配，即可決定整體的搭配。

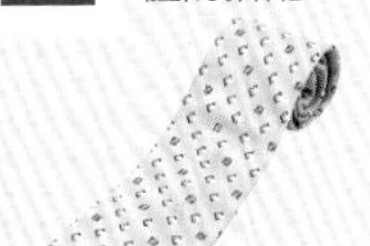

適合駝色腰帶

米黃色的領帶搭配棕色的腰帶，但搭配淺駝色的也很理想。

適合棕色腰帶

帶紅色的領帶，和棕色的腰帶搭配。雖是棕色，但盡量選用帶紅色的棕色。

適合黑色腰帶

選用在領帶的花紋上帶黑的種類。如果領帶帶有黑色和棕色二者時，則以分量來決定。

一改平常西裝姿態的3種配件

搭配來訪者、轉換情緒……，在此介紹推薦想改變平常西裝姿態時的配件。

ITEM 1

以袖釦顯現高雅！

袖口的時尚感，就在於袖釦。代替釦子，扣上袖釦，即可顯現高雅感。最近，也出現休閒感的款式，能使用在較輕鬆的時刻。

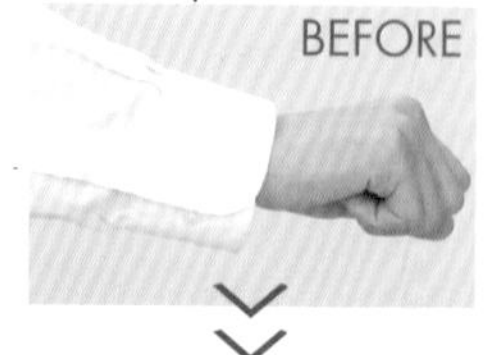

以寶石顯現高雅。

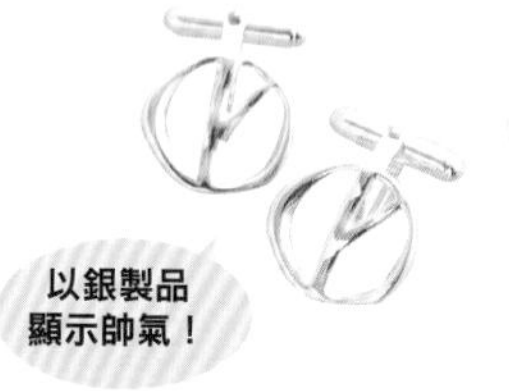

以銀製品顯示帥氣！

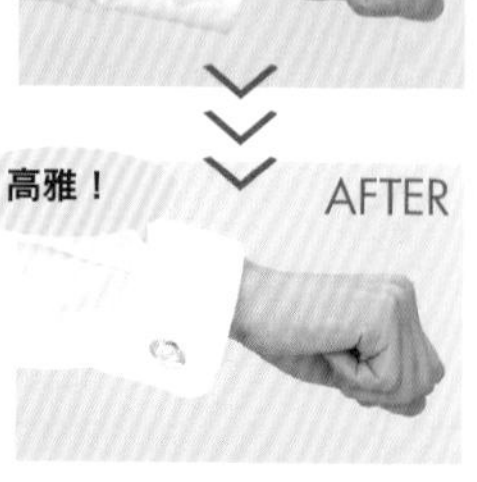

ITEM 2

以領口夾更顯俐落！

固定在襯衫領尖的領口夾，可讓領口部分更顯整潔俐落，是凸顯臉孔印象備受注目的配件。從簡單的銀製類，到寶石等豪華型，有眾多的種類。

領子的領口夾，不需要領尖有鈕釦洞的，選用任何的襯衫均可！

ITEM 3

以領帶夾顯現豪華！

僅夾在領帶上，就能顯出豪華印象的領帶夾，務必擁有一個。第一個，選購銀製的為最佳。即使在假日時使用，夾在領子前方即可提升時尚感。

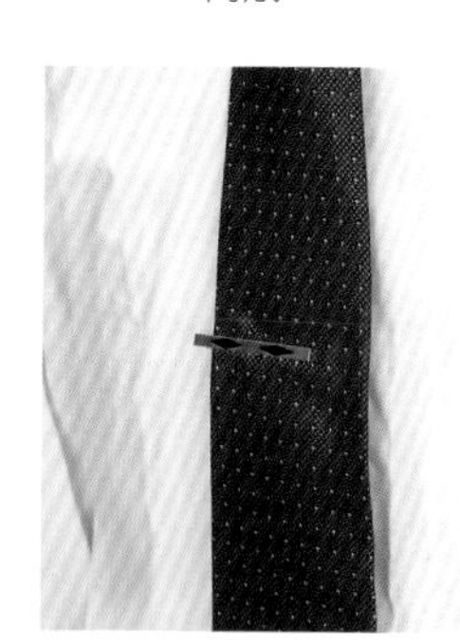

POINT

在假日所穿的外套上，也能大顯身手的領帶夾！

領帶夾，也能使用在放假的時候！夾在現有外套的前襟上，即可讓休閒感的外套醞釀出略帶豪華感的氛圍。

再推一步的技巧

學習使用飾巾的技巧！

您是否認為，在嚴肅的場合才使用飾巾呢？按照飾巾的摺疊法，亦可輕鬆顯現優閒感。

顯現素雅的 條型

1 折2次變成正方形。

2 從左折約3分之1，變成長方形。

3 從右折入，變成長方形。

4 把下邊往上折，翻面後插入口袋就OK。

顯現優閒的 羽狀型

1 在左手的手掌上，把飾巾表面朝上敞開。

2 用右手捏住飾巾的中央部分，然後用左手輕輕握著飾巾的下襬部分。

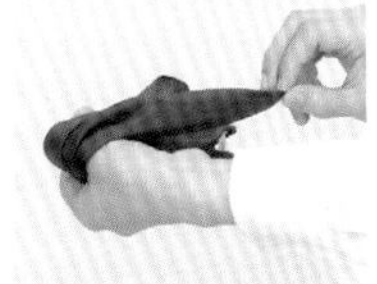

3 以左手的拇指為軸，把飾巾折成二半。

4 把3的右側向內側折，再插入口袋就OK。

顯現高雅的 三山字型

1 把折成三角形的飾巾，再折一半，稍微錯開先端的角。

2 把先端的角錯開後，再折一半。

3 上下反過來，把右手邊的角往內側折。

4 把下部的角折2～3次後，翻面插入口袋就OK。

改善全身的不均衡！

上班職場的綜合搭配術

針對「V區還不錯，但全身似乎不太理想！」的您，依不同體型、場合介紹全身的搭配術。

1分鐘技巧！ 1min

一目瞭然！不同體型的全身搭配一覽表

感覺好像還差那麼一點的全身搭配，是否符合自己的體型呢？透過此一覽表，了解符合您的西裝的綜合搭配。

體型微胖的人

POINT

1
西裝以接近黑色的深色，以收收縮效果！

2
以條紋顯現縱長！

3
襯衫選寬領的，臉孔看起來就不會太大！

4
以單釦顯現修長！

5
領帶也選深色系的！

體型較小的人

POINT

1
西裝要避免深色系！

2
以直條紋顯現縱長！

3
以3個鈕扣使視線往上！

4
以鮮豔的領帶使視線往上！

5
襯衫也以條紋更顯縱長！

確認自己的體型、今日的預定行程

懂得挑選色調和領帶，但觀看全身卻出現「？」的人，就要思考所搭配的是否符合自己的體型？透過在此介紹不同體型搭配，學習掩飾自己缺點的技巧。

此外，也介紹配合工作內容的搭配術。如此一來，工作就會更順遂。

KEYPOINT 滿分5顆★

□不同體型
【★★★★★】

□不同場合
【★★★★☆】

□需要改善肉體嗎？
【★★★☆☆】

符合體型的西裝是理所當然地，但也需要改善一點體型。

POINT

1
西裝以深色顯現收縮！

2
雙排釦西裝絕對不行！

較瘦長的人

POINT

1
以3個釦子的西裝，顯出分量感！

2
西裝的材質須要有質感，以顯現立體！

臉型老成的人

POINT

1
西裝是明亮色！

2
以清爽顏色的襯衫顯現年輕！

場合別 全身搭配一覽表

其次，介紹配合當日的工作內容、場面的綜合搭配術。如此一定可以提高印象！

拜訪之日

交涉事務之日

POINT

1
領帶以穩重顏色取得好印象！
2
以白襯衫顯現純真、樸素、正直的人！
3
西裝和襯衫以素色不花俏的以顯現誠實！
4
以深藍的西裝呈現學術氣息！

POINT

1
以藍色領帶博得信賴感！
2
西裝是可以突顯襯衫的淺色系！
3
以條紋襯衫顯現俐落印象！
4
徹底保持傳統！粉紅色等是不行的！

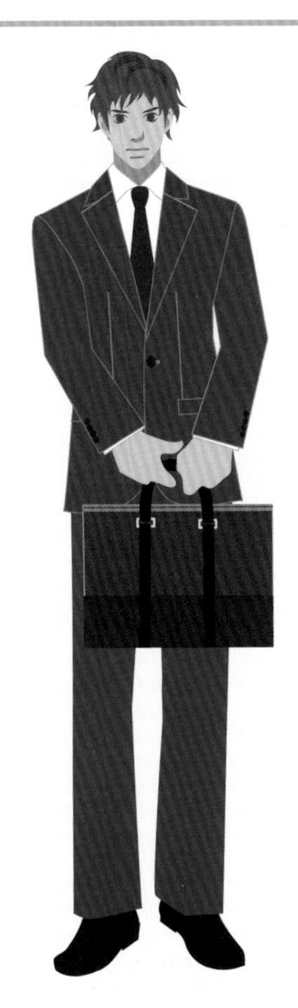

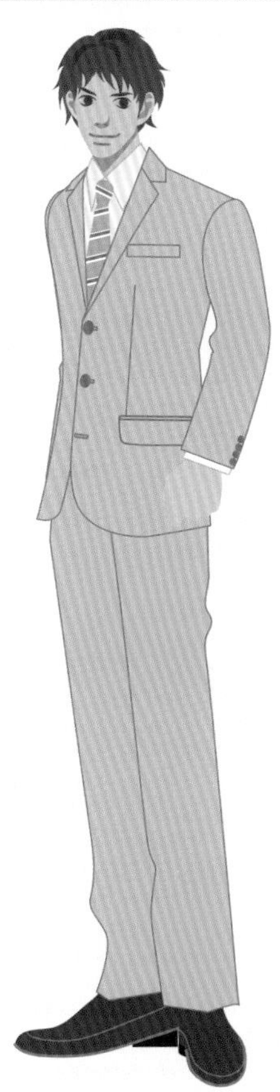

謝罪之日

POINT

1
有花紋的不行！以素色訴求誠實！
2
以深灰色的裝扮回復信任感！

對方是女性之日

POINT

1
以清爽色的領帶＆襯衫顯現溫柔印象！
2
以粉紅色裝扮給予女性安心感和幸福感！

有重要會議之日

POINT

1
以信賴色的藍色作為主題色！
2
選用略帶紅色的裝扮，以訴求熱情！

搞賞週末粗獷的您

假日裝扮搭配完全指南！

西裝姿態固然英挺，但一到週末就會降低好評。
為了這樣的您，介紹假日的穿著打扮技巧。

以現有的西裝，立即提高2成親睞度！

最簡便的方法，就是使用現有的西裝。西裝的上衣，其實是意外好用的裝扮。

T恤

上班型式

上班時穿著，就變成這樣的感覺⋯

牛仔褲

春、夏時加棉衫＆T恤型式

春夏時是以T恤顯現時尚的型式。如果只穿T恤和棉衫會給人廉價的印象，但加上西裝，即可提高男人的成熟度。

秋、冬時加牛仔褲＆派克衫型式

秋冬時在裡面穿派克衫，西裝就變成很有用的外套。如果想抑制過於休閒感，裡面就改穿毛線衣或對襟毛衣等。

KEYPOINT 滿分5顆★

□利用西裝
【★★★★★】
□變身理想的類型
【★★★★☆】
□快樂地挑戰
【★★★★☆】

確實學習簡便利用西裝的技巧。

以假日穿著確立自己的風格

在週末的假日穿著上，是充分訴求您個人風格的絕佳機會。即使是欠缺自信的人，也要快樂地挑戰裝扮。

以下依體型別、場合別，介紹您所希望的裝扮技巧。以此為參考，變身為自己理想的類型。

理想造型的假日裝扮技巧

首先，思考自己希望的理想造型。
以下介紹3種型式俐落男人的搭配技巧。

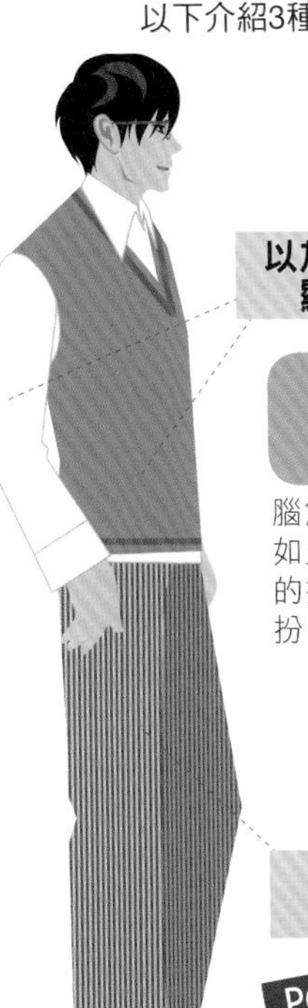

以時髦的眼鏡顯現知性！

以灰色×白襯衫顯現聰穎！

「顯現知性！」的知識分子型

腦筋聰明，博學多聞。若想顯現如此風格，就採用單色系或深色的搭配。要避免粗獷或休閒的裝扮，訴求適度的舒適感。

以單色系顯現俐落！

以條紋提高俐落感！

以出色的腰帶作為重點！

基本上是單色系＋知性小配件

衣服的色調採用單色系，就不會有問題！之後，利用帽子或腰帶、眼鏡等顯現時尚感。形狀則以四方型的較為理想。

「顯現爽朗！」的好青年型

坦率、正直又爽朗！若是朝向無論任何時代都擁有人氣的好青年型，就要以誠實顏色的藍色、純粹顏色的白色為主，留意較休閒的裝扮。看起來邋遢的裝扮是不行的。

POINT

聰明地使用藍色、深藍與白色！

爽朗青年的象徵，就是用深藍色和白色的組合。如果要穿牛仔褲，就選靛藍色的，要避免有破裂之類或特殊加工之類的。花紋上，則以方格或條紋為理想。要避免奇異的色調或款式。

「值得信賴！」的成熟型

若想顯現很容易親近、無隔閡的類型，則以淺灰色或米黃色等明亮的色調較為理想。此外，可讓女性感到和藹可親的粉紅色，亦可做為重點使用。

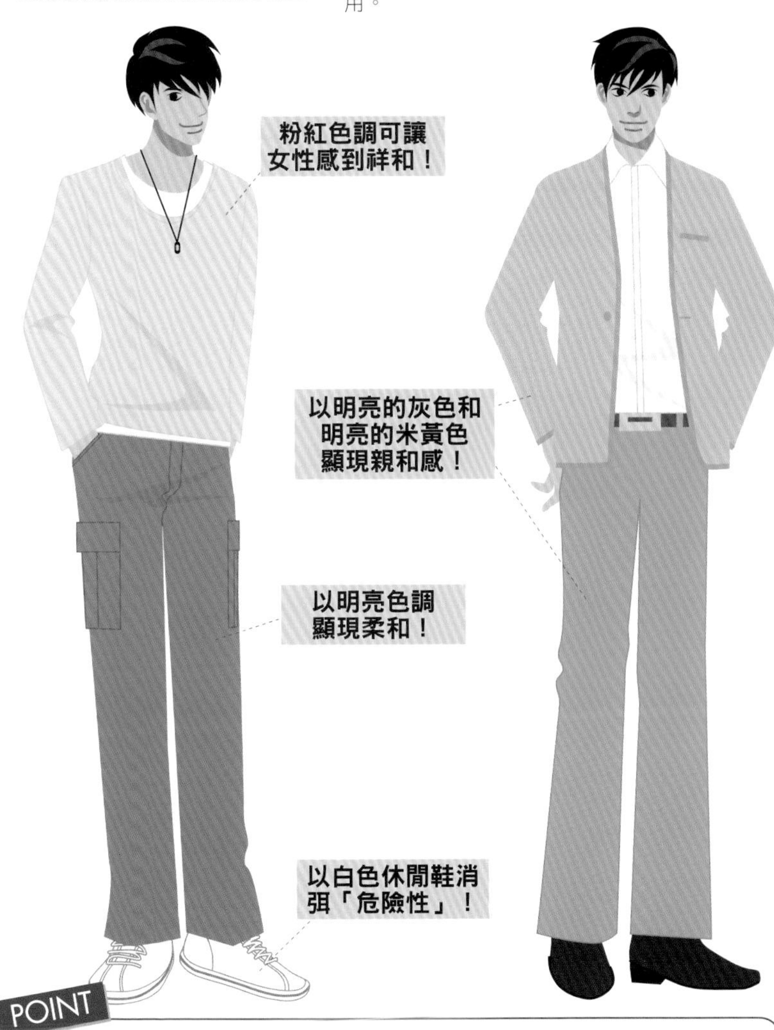

POINT

基本上選擇明亮＆淺色！

總之，主色是以明亮色調＆淺色做搭配。深色會顯出「危險性」，因此要盡量使用白色等來消除！粉紅色是最適合女性了。不是很華麗的粉紅色，而是要選擇淡雅風格的。

最大限度活用現有的衣服！

「現有衣服」徹底利用術大公開！

一聽到「裝扮」，您是否就會想到非添購新衣不可呢？
不、不、不，充分利用現有的衣服亦可完美裝扮。

誰都擁有的衣物的得宜穿著鐵則

不需要特別添購新的。學習以您現有衣服的得宜穿著鐵則，即可在瞬間變化成時髦的裝扮！

ITEM 3

白襯衫

穿在裡面理所當然，不過直接穿，就變成春夏的外衣。沒有流行的問題，可長久使用。

ITEM 2

藍色牛仔褲

誰都擁有1條的品項。依據上身搭配，可變身為休閒性或正式性的方便衣物。

ITEM 1

派克衫

拉鍊式的派克衫，無論穿在裡面或套在外面都可以大顯身手。沒有拉鍊的派克衫，利用價值當然也很大。

重點在於重疊穿搭！

聰明的穿著為重疊穿搭，亦即重疊穿著的技巧為關鍵。活用每一件衣服的優點重疊穿著，就可以變得更出色。首先，學習得宜穿著的鐵則。

ITEM 5

LONG T

通常都是穿在裡面隱藏的LONG T。但即使是穿在裡面，也要好好研究套在上面的衣服，積極顯現LONG T的色調。

ITEM 4

POLO衫

僅穿著1件的人似乎很多？其實，POLO衫也是重疊穿著的優良品項。擁有幾件顏色不同的POLO衫就很方便。

即使是現有的衣服，亦可因穿法而改變

認為一想到裝扮就非添購新衣服不可的人，出乎意料地多，當然可以購買新的。

但是，僅變換穿法即可改變印象，看起來會更時尚。請學習穿著的變化吧。

KEYPOINT 滿分5顆★

- □**重疊穿搭** 【★★★★☆】
- □**把外衣穿在裡面** 【★★★★☆】
- □**把內搭服當外衣穿** 【★★★★☆】

經常作為外衣穿的衣服，改穿在裡面也不錯。

和法蘭絨衫搭配

在派克衫和LONG T的組合上，再添加方格襯衫，會更顯華麗。只有這種花紋，才不會顯得太複雜。

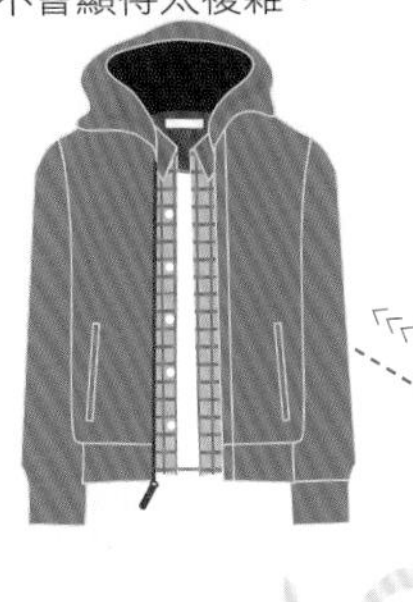

和外套搭配

平常作為外衣穿著很活躍的派克衫，有時也穿在裡面看看。和有花紋的外套搭配絕佳。

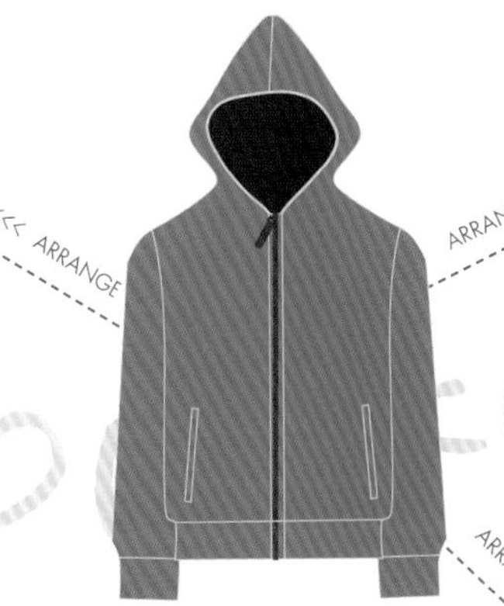

ITEM 1

派克衫

外穿、內搭俱佳的優秀品項

和夾克搭配

若與尼龍製的夾克搭配，可掩飾派克衫的休閒感，顯現更好的感覺。藍色和灰色的搭配性亦佳。

POINT

如何購買呢？

若欲添購新的派克衫，當然選有拉鍊的類型。打開拉鍊，可看到穿在裡面的衣服，而增大裝扮的寬容度。

搭配背心和帽子

和正式的背心搭配，可掩飾牛仔褲的休閒感。除了搭配帽子之外，亦可搭配圍巾。

搭配外套和項鍊

搭配外套，可提高休閒牛仔褲的時尚度。再加上項鍊，就更有型。

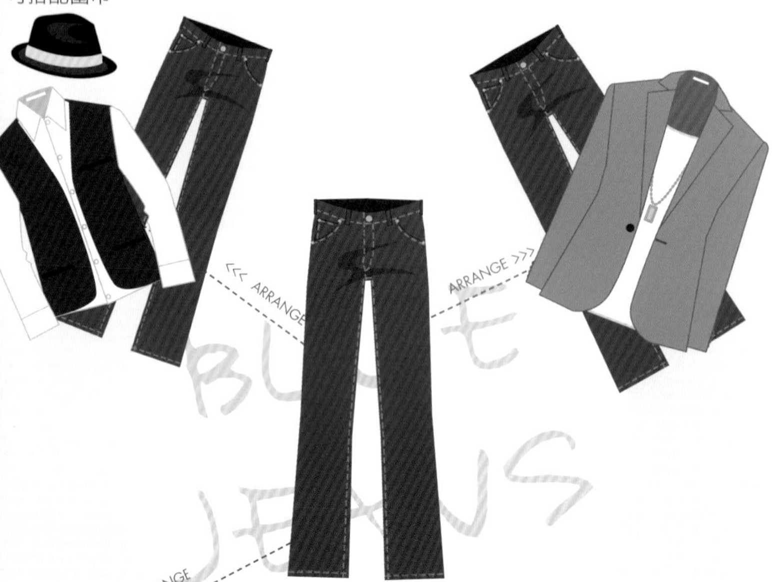

ITEM

2 藍色牛仔褲

有韌性又堅固！
「困擾！」時的救世主

×白襯衫

白襯衫×藍色牛仔褲，是清爽型的王道。以穿在裡面的衣服的顏色，改變表情。若欲顯現粗獷就選卡其色，穩重就選黑色，最普遍性的是灰色。

POINT

以磨損加工
更添時尚感！

在現有的牛仔褲上磨出破洞，或特意刷淡等施加特殊加工。可大大提升時尚度。

休閒型式

內穿條紋Ｔ恤，就很有休閒感。白襯衫不熨燙，帶點縐縐的也不錯。

漂亮型式

在秋冬搭配深色的對襟毛衣和寬筒長褲，就變成漂亮的型式。可以漂亮地襯托衣領。

ITEM 3

白襯衫

任何季節、上班、假日均可使用

逛街型式

在迷彩長褲上搭配無袖大圓領衫，再添加銀製項鍊，就變成具有粗獷性的逛街型式。

POINT

穿白襯衫應留意的事！

穿著白襯衫會令人擔心的是，衣領會變黃。若是毫不在意地穿著，一定會引起周圍人們的注目。須定期送洗或用漂白劑清潔。

穿在外套內

搭配有色調的外套，即可減低POLO衫的休閒感，而提高正式感。可作為秋或春的裝扮服飾。

重疊在LONG T上

在POLO衫的下面重疊穿LONG T。會讓人聯想到學生清爽形象的服裝。不過，須注意色調的搭配。

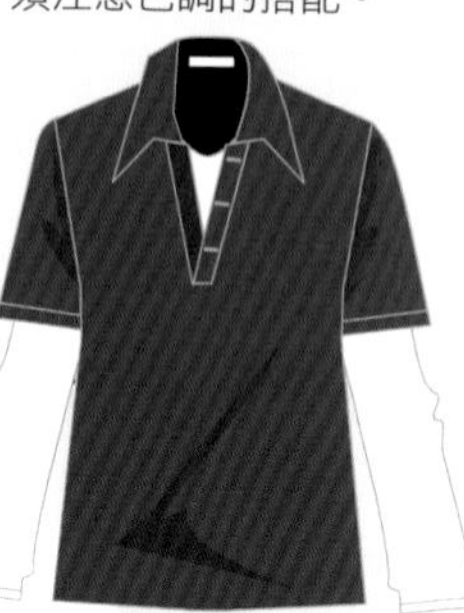

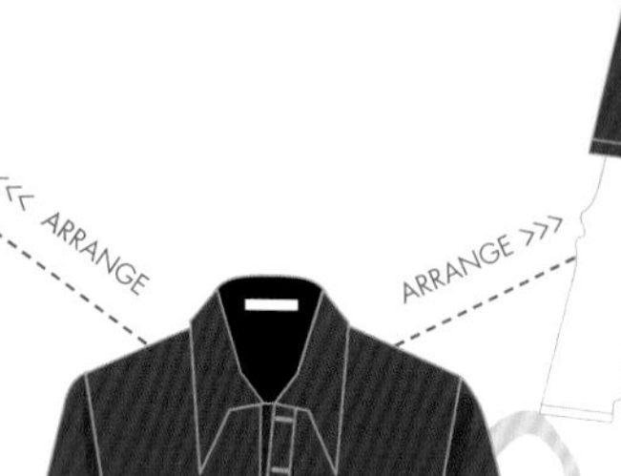

ITEM 4

POLO衫

並非僅能穿一件！可重疊穿著的衣物

搭上襯衫

和T恤×襯衫同樣，POLO衫也能搭上襯衫。此時須注意的是花紋。若是素面的POLO衫，就搭配有花紋的襯衫，平衡感較佳。

POINT

最容易搭配的顏色是深藍色！

POLO衫最容易和其他衣服搭配的顏色，就是深藍色。這是能夠適度顯出清爽感和整潔感的顏色。在添購時，不妨選擇深藍色。

搭配V領毛衣

若要套在毛衣內，就果敢選擇V領的毛衣，就能顯現LONG T的色調。此際，必須注意的是色調的搭配。

搭配背心

搭配瀟脱的背心，可讓LONG T顯出高級感。在僅穿一件LONG T稍有涼意的日子可活用。

ITEM 5

LONG T（無領長袖衫）

只要精通重疊穿著的技巧，就有好幾種的穿法

和LONG T一起

利用領子開口大小的程度或袖子長度的差別，重疊穿著相同的LONG T。稍微露出LONG T相當絕妙。和半開襟的汗衫搭配亦佳。

POINT

購買第二件時，須確認領子和顏色！

同時擁有幾件也會很方便的LONG T。想要重疊穿著而要添購時，須考慮領子開口的大小和現有LONG T的顏色搭配性。如果領子開口的大小一樣，重疊穿著就毫無意義了。

下次添購時！

「1件」輪穿技巧

想要添購新衣，卻不知要購買哪種類型。在此特別為有此疑惑的您，介紹下次添購的衣服的輪穿技巧。

嚴選整年都能使用的輪穿5品項！

介紹經過嚴選，買了絕對不會後悔、整年都能穿著的品項。如此一來，即可了解下次添購時的好品項。

ITEM 1 深藍色外套

端正形象的正統派深藍色外套。和任何長褲搭配俱佳，擁有1件就非常方便。1整年都使用得到。

1 無論上班日或假日均可使用。
2 整年都能使用。

★購買時的POINT★

毛料或棉質等穿起來輕又舒服的種類，較容易使用！

ITEM 2 黑色牛仔褲

作為第2件的牛仔褲，建議購買黑色的。和藍色牛仔褲相比，看起來更有大人風，也能提高裝扮性。

1 整年都能使用。
2 不會太過度休閒感。

★購買時的POINT★

不要太寬鬆，合身尺寸的直筒類型較適合。

新添購的衣服選擇可輪穿的種類

添購新衣服時，選擇絕對可輪穿的種類較為方便。在此介紹整年都可使用，有添加棉麻交織布的品項。

另外，也介紹不同場合輪穿的範例，請作為您添購新衣時的參考，即可提高裝扮的幅度。

KEYPOINT 滿分5顆★

□**能否輪穿呢？**
【★★★★★】

□**能否整年使用呢？**
【★★★★★】

□**最夯的品目**
【★★★★☆】

添購新衣時，「能有幾種輪穿法」為重點。

ITEM 4 米黃色風衣

春、秋、冬均可使用的風衣。能夠顯現大人風格的形態為其魅力。若是米黃色的，在春天穿著時看起來也不會太沉重。

1 夏季以外均可使用。
2 無論上班日或假日均可。

★購買時的POINT★

希望春、冬均可使用，因此選擇可拆除內襯的較理想。春天時拆下來就輕快，冬天裝上穿起來就暖和。

ITEM 3 灰色的編織背心

在POLO衫的上面、外套的裡面，總之是輪穿機率大的背心。顏色以不會過重或過輕的灰色最為理想。

1 隨意地重疊穿搭。
2 整年都能使用。

★購買時的POINT★

厚的編織品不適合穿在裡面，要穿在外套裡面的就要選購薄的。

ITEM 5 深色的機車型外套

想要顯現粗獷的男人味，就選擇機車型外套。配合各種的場合，即可改變造型。

1 夏季以外均可使用。
2 不須選擇長褲。

★購買時的POINT★

為了穿在裡面的衣服，選擇薄的素材輕量的種類較為理想。此外，棕褐色、黑色或深藍色等較深的顏色，較容易作搭配。

以5種品項在7種場合徹底輪穿的技巧

以前頁介紹的5種品項，立即開始輪穿！
依場合別，介紹7種輪穿範例。

觀賞運動比賽 SPORTS WATCHING

以機車型外套適當抵銷牛仔褲的休閒感。這是可以和他人產生差異性的搭配。

ITEM 5
＋
條紋T恤
＋
牛仔褲

條紋和牛仔褲、運動鞋的搭配，會過於休閒，而顯出稚嫩感。活用5的機車型外套就可掩飾。

開車 DRIVE

白色和藍色的正統派清爽搭配。開車時覺得很笨重就脫掉外套，等下車時再穿上。

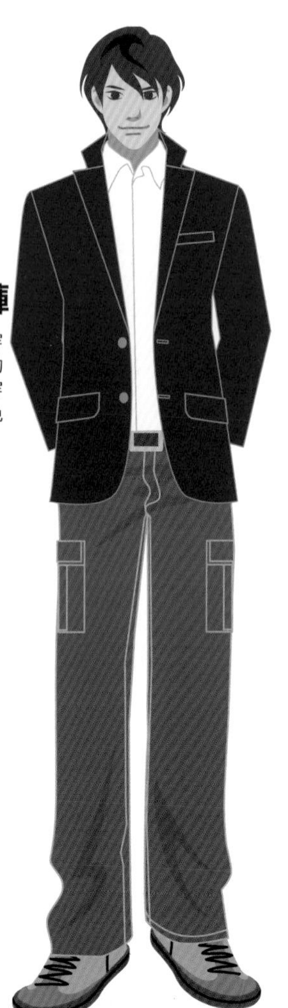

ITEM 1
＋
白襯衫
＋
直筒寬長褲

為了容易駕駛，穿著不要過於寬鬆的寬長褲。運動鞋穿皮革素材的，避免過於休閒性。

夜遊 NIGHT PLEASURE

想要醞釀性感的夜遊，可在機車型外套的下面穿黑色襯衫，利用深色系來整合。

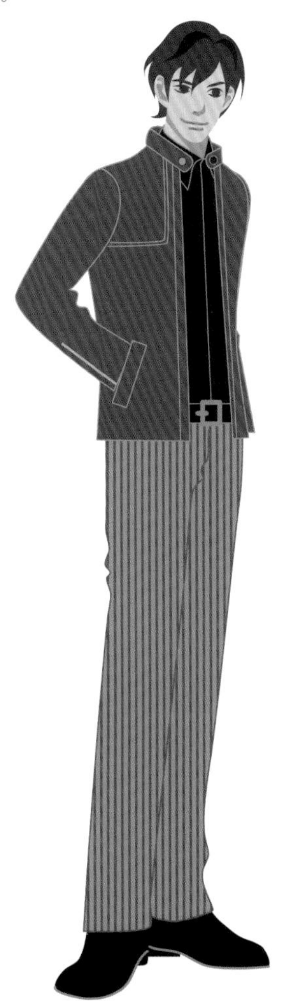

ITEM 5 ＋黑色襯衫＋灰色條紋長褲

顯現男性魅力為要點。若有現有的銀製飾品，也順便利用。長褲以現有的西裝褲也OK。

前往須注意穿著的高級餐廳時，可在深藍色外套內穿著灰色背心，即可提高正式感。

ITEM 1 ＋ ITEM 3 ＋黑色長褲

為了顯現整齊感，鞋子要穿皮鞋。黑色的長褲，可利用現有的西裝褲。

派對一 PARTY

派對是須要提高穿著品味的場合。全身都穿得太正式，也不是很理想，可透過牛仔褲稍微沖淡這種氛圍。

ITEM 2 + ITEM 4 + 西裝（上）

利用現有的西裝時，黑色牛仔褲也能迅速使用在派對上。活用腰帶來提高品味。

購物 SHOPPING

因試穿而會搞的手忙腳亂的購物時，穿著容易穿脫的風衣較方便。冬天時把內襯裝上，裡面再穿毛衣即可。

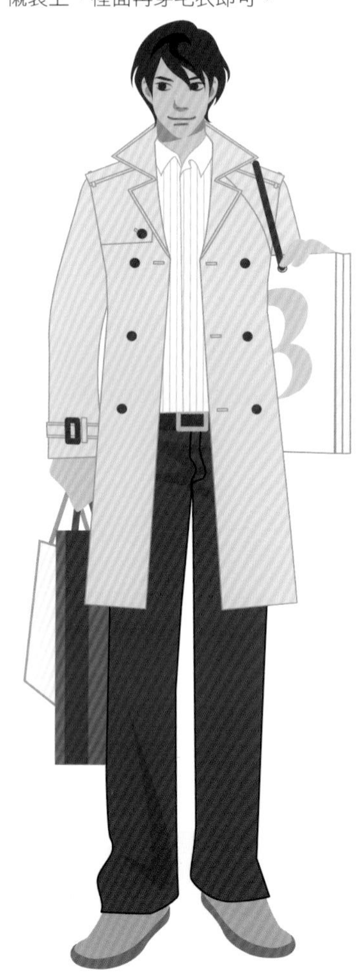

ITEM 2 + ITEM 4 + 直條紋襯衫

風衣搭配牛仔褲、運動鞋，會顯得較稚嫩。以黑色牛仔褲適度顯出大人的氛圍。

想添購時！輪穿的候補3品項

經濟有餘裕的人，
再擁有這3件就更方便。
選擇不同的顏色來補齊。

半開襟T恤

使用在重疊穿著的半開襟T恤。以白色為主。

直條紋襯衫

無論上班日或假日均可使用的直條紋襯衫，既清爽又有時尚感。

直筒寬長褲

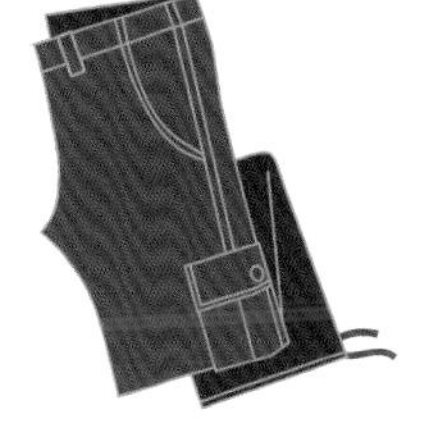

搭配上衣，不論休閒性或正式性均可對應。以卡其色、米白色較為理想。

藝術鑑賞 MUSEUM

前往畫廊賞畫時，希望顯現適度的知性。透過白襯衫和背心顯現敏銳性，再搭配黑色牛仔褲顯出時尚感。

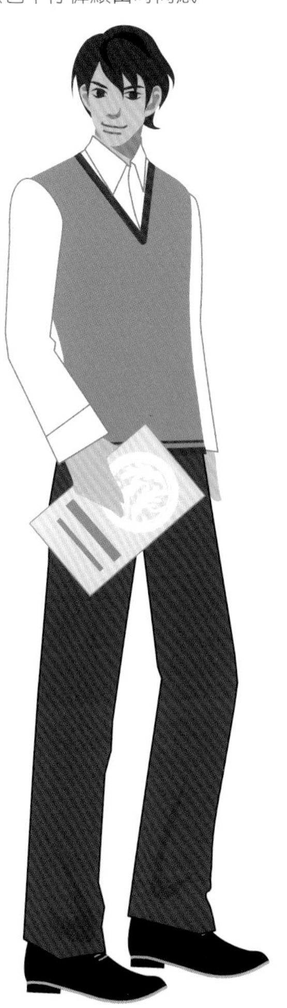

ITEM 2 + ITEM 3 + 白襯衫

白襯衫要把鈕子扣到最上一個，可提高知性的印象。鞋子須選擇皮鞋。

快速、簡單！

1分鐘專欄 2

1min Column

顏色搭配篇

學習服飾穿著技巧之後，即可提高自己的形象。多留意服裝打扮，呈現出高過自己能力的出色人物。

Q 如何才能吸引人呢？

A 以藍色、白色和紅色吸引人的布希總統

為了能讓自己獲得他人的肯定，應該有哪些作為呢？我個人覺得，有對工作鞠躬盡瘁、努力提高成績等各種方法，不過，您是否有留意穿著裝扮呢？其實，穿著打扮也是上班族的戰略之一。美國人就非常巧妙地利用這一點。

最有名的是布希總統。布希總統在選戰期間是打醒目的紅色領帶，高聲宣揚自己的主張。在就職演說時，則打藍色領帶，暢談和平的話題。聽眾被他吸引的主因，並非止於談話的內容。其實，他所打的領帶顏色也影響聽眾。紅色是熱情的顏色，藍色則是信賴、和平的顏色。配合談話內容選擇顏色，有效地傳遞自己的訊息。

符合場合的穿著打扮，是能夠讓自己變成高過自己能力的人，或者變成低於自己能力的人的重要因素。了解此重要性，多多留意自己的穿著打扮。

Lesson3

急速提升好感度！

護髮 & 造型

護髮

- 頭髮的清洗技巧
- 頭髮的受損迴避術＆護髮用品使用技巧
- 頭髮稀疏對策
- 頭皮屑對策
- 頭髮的油膩＆氣味對策
- 白髮對策
- 建議！洗髮精＆護髮用品

造型

- 造型的基本技巧
- 整髮料（髮蠟）介紹
- 自我剪髮
- 染髮
- 解決早晨起床頭髮亂翹的造型
- 理容院造型

HAIR CARE&STYLING

Lesson3

俐落男人的絕招

從基礎開始學習頭髮的保護&頭髮造型

頭皮＆頭髮的保養

解決頭髮的問題！護髮

尋找對策！解決令人苦惱的護髮

收關掉髮、頭皮屑、頭髮的油膩、少年白髮等等的煩惱，會因個人而有所不同。配合自己的頭髮問題，尋找其解決的對策。

把握正確地基本護髮

在每日護髮上不可或缺的，就是洗髮精＆潤絲精。從仔細地頭髮清洗法、乾燥法，到整髮為止。介紹基本的護髮。

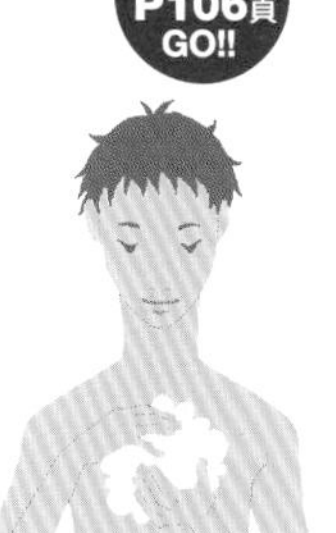

掉髮、頭皮屑、頭髮的油膩…等
各式各樣的頭髮問題
耗費很多時間都難以搞定的頭髮造型
徹底解說大大影響男人形象的頭髮保養＆造型！

自由自在變化理想的髮型

立即確定！造型

也能調整的應用髮型

從簡單修正睡覺亂翹的頭髮，到臉形別的調整法，集中一起介紹頭髮造型的技巧！自由自在享受頭髮造型的樂趣。

了解就有助益！基本的造型

平常毫不在意所做的造型，只要以基本的要點稍作修正，很容易就會變成令人驚訝稱讚的髮型。

護髮的基本「關鍵」

保持美髮的正確洗髮技巧

身為護髮基本的洗髮，不僅可保持美髮，
而且可成為頭髮問題的最大預防對策。

俐落技巧

判別髮質選擇洗髮精，變成光潤的頭髮！

洗髮精，是護髮基本中的基本。每天都會洗頭髮，因此慎選洗髮精也很重要。選擇對髮質或頭皮最好的種類。

軟髮類型

選用能帶來彈性＆光澤的洗髮精

軟髮的髮質，會有頭髮柔軟而容易塌扁、顯不出分量感等缺點。選用能帶來彈性的洗髮精。

●Elence2001Twin Scalp

硬髮類型

選用能讓頭髮變柔軟的洗髮精

頭髮生硬，不容易梳開，是硬髮令人討厭的地方。選用能讓頭髮變柔軟的洗髮精。

●Caretorico洗髮精－type-H（Ari）

受損頭髮類型

選用依受損類型的營養補給洗髮精

因過度使用吹風機、染髮等頭髮所受到的傷害，會因人而異。看清自己頭髮受損的狀況，補給營養分。

●LUX Super Damage repair洗髮精（U）

亂翹類型

選用具有保濕力的洗髮精

選用具有保濕效果的洗髮精。頭髮失去水分平衡時就會形成翹髮。以水分平衡效果卓越的洗髮精來保養。

●PROQUALITE Straight洗髮精（U）

配合希望的造型選擇洗髮精

有人希望頭髮蓬鬆、整齊，也有人重視無造型頭髮的自然感。配合自己理想的造型選擇洗髮精，對頭髮的造型有相當地助益。

正確評估洗髮方法

頭髮的問題，有稀疏、頭皮屑、頭髮油膩等多種狀況，不過，基本的護髮是清潔的頭皮&整齊梳理頭髮。

重新評估能夠最有效去除頭皮污垢的洗髮方式。

KEYPOINT 滿分5顆★

- □**對頭皮溫和**【★★★★★】
- □**選擇洗髮精**【★★★★☆】
- □**正確清洗法**【★★★★★】

仔細挑選洗髮精，確實洗淨污垢。

基本技巧 Basic technic 決定版！正確洗髮&滋潤的順序

洗淨頭髮和頭皮的污垢，是清洗的任務。洗淨頭皮，最後以潤絲精讓頭髮變柔軟。

1 梳髮素洗

首先是梳髮。藉此使頭髮表面的污垢或塵埃浮出，之後素洗洗掉污垢。

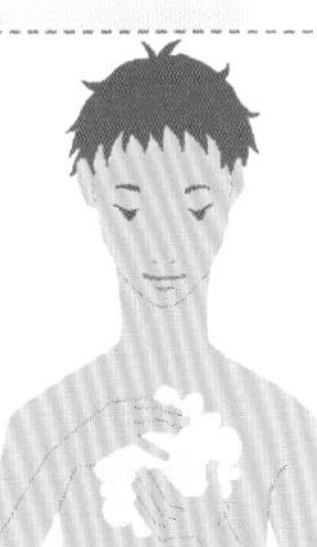

2 起泡洗髮精

把洗髮精倒在手掌上，加少量溫水起泡。細緻、蓬鬆的泡沫，能提高洗淨力。

3 從後頭部往頭頂部清洗

以後頭部⇒耳後⇒頭頂部⇒前頭部的流向清洗為原則。不要立著指甲猛抓，要輕輕搓揉頭皮來清洗。

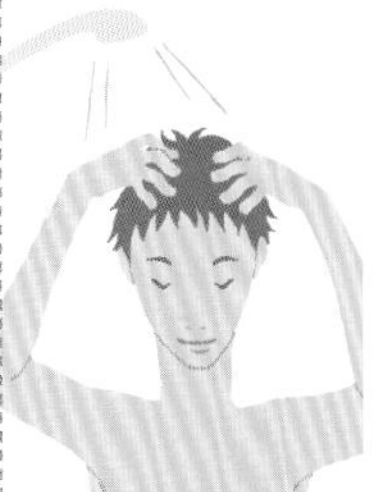

4 洗髮精必須沖乾淨！

留意洗髮精殘留的問題。如果在頭皮上殘留洗髮精，就很有可能變成棘手的頭髮問題！必須確實沖乾淨。

POINT

讓潤絲精融入，形成有光澤的柔潤頭髮

如果不使用潤絲精，頭髮就容易變硬。也有在做造型中弄斷頭髮的情形。必須將洗髮&潤絲視為一套流程。以20秒使潤絲精融入頭髮為基準。

基本技巧 Basic technic

洗髮後立即乾燥！這是基本步驟

洗髮後確實弄乾（乾燥），是護髮的基本原則。使用毛巾＆吹風機，確實弄乾頭髮。

POINT

吹風機乾燥的順序

正確的吹風機乾燥順序如下。

❶ **首先，從髮根開始乾燥。**

❷ **以頭頂的髮旋為中心，沿著頭髮的髮流乾燥。**

❸ **最後乾燥髮尾。**

★以溫風和冷風交互吹乾，就不會傷到頭髮！

乾燥為毛巾⇒吹風機共2步驟

吹風機乾燥

從髮根開始乾燥為基本。髮根要邊把頭髮往上撥邊吹。吹風機要邊搖動邊吹。

毛巾乾燥

輕輕抵住毛巾，想像擦乾頭髮進行溫柔對待頭皮的毛巾乾燥。擦乾到半乾的程度。

提升一級

聰明「洗髮方法」的要點

為了以擁有光澤的健康頭髮為目標，介紹洗髮方法的絕招！如此一來，可讓您的洗髮變得聰明。

最後用冷水沖髮尾部分

以溫水沖淨洗髮精＆潤絲精，最後僅對髮尾部分沖冷水。如此可控制亂翹，變成有光澤的頭髮。

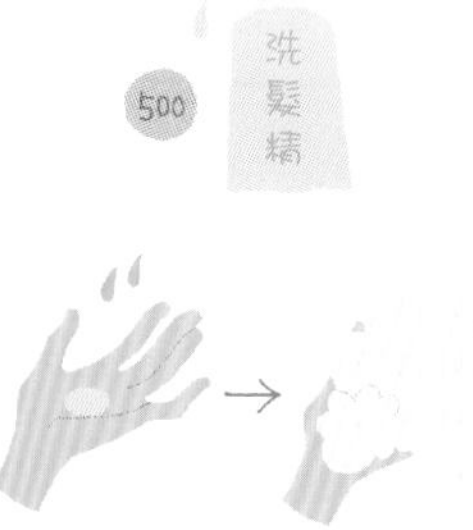

取少量洗髮精，確實起泡為要訣

越確實起泡，對頭皮的刺激會越溫和。在手上倒約50圓硬幣大小的洗髮精，起泡。

只要把握要領，任何人都可以聰明洗髮！

解開洗髮＆潤絲的「誤解」！

使用洗髮精或潤絲精的方法錯誤，有時會使頭髮受損。以下介紹如何解開容易陷入的誤解。

■用力搓洗頭髮，就更容易洗掉污垢嗎？

⇒頭皮受傷，成為頭髮問題的原因

希望確實洗掉污垢而用力搓洗頭髮，會有傷害頭皮之虞。溫柔搓洗，是洗髮的基本。

■潤絲精要塗滿到髮際嗎？

⇒避開長髮邊際是潤絲的基本

潤絲是在頭髮上塗抹一層而使頭髮變得柔軟。接近頭皮，長髮的邊際要避開。

使頭髮有活力！1分鐘頭皮按摩

1分鐘技巧！ 1min

從洗髮的外側保養，加上從身體的內側使頭髮變得健康的按摩，可提高美髮效果。

畫圓

以拇指以外的4根手指，從瀏海的髮際，往頭頂邊畫圓邊按摩。

抓頭皮

把手放在頭的左右，用所有的手指抓頭皮。

用指尖輕輕敲打

用10根指尖輕輕敲打整個頭。「溫柔地」刺激。

保養極為重要

頭髮的受損迴避術&護髮用品使用技巧

頭髮受損的原因，往往是自己任意對頭髮的保養所致。以下介紹迴避受損的要點，以及受損後的護髮用品使用技巧。

避免潛藏於保養頭髮中對頭髮的傷害！

平時不在意對頭髮的保養，有對頭髮造成傷害的情形。稍微停下思考，重新評估對頭髮的保養。

吹風機的使用充滿危險

最容易傷害頭髮的，就是吹風機的使用法。務必遵守以下2項重點。

- 不能以高溫吹頭髮。
- 吹風機要距離頭髮20cm以上。

乾燥不足，會大大傷害頭髮

頭髮潮濕的狀態，是非常危險的。容易沾惹塵埃或污穢，而且頭髮的表皮會張開，使頭髮互相摩擦刺激之下，頭髮便受到傷害。

- 洗髮後必須確實乾燥。
- 以半乾狀態就寢是絕對不行。

POINT

還有，還有！對頭髮的受損迴避術

紫外線或清洗法，都存在使頭髮受損的危險性…不過，透過以下的迴避術，即可解決！

紫外線 ⇒紫外線強烈的日子，必須戴帽子迴避。

粗暴的清洗法 ⇒以體貼頭髮的溫柔清洗法來迴避。

即使頭髮受損，也要以護髮用品來回復

防範頭髮受損的受損迴避術，當然是重要的事。但是，因無法避免而使頭髮受損時，就要進行有效果的護髮用品保養，即可充分回復到未受損前的頭髮。

記住受損迴避對策和回復的護髮用品使用技巧。

KEYPOINT 滿分5顆★

☐注意吹風機的使用 【★★★★★】
☐頭髮要確實乾燥 【★★★★★】
☐發現危險的嗅覺 【★★★★★】

了解造成頭髮受損的原因，確實迴避危險。

進行1週1次的護髮用品使用技巧

護髮用品，會依使用法而使效果產生很大的變化。既然要做，就要追求最大限度的效果。

以蒸氣效果提高滲透力

塗抹護髮乳之後，戴上浴帽，然後泡在浴缸裡。以蒸氣效果，使護髮乳成分滲透到頭髮的內部。

護髮乳是以中間⇒髮尾的順序塗抹

以頭髮的中間⇒髮尾的順序，塗抹護髮乳。用手掌輕柔包裹著為要訣。

⇒護髮用品是在毛巾乾燥後使用

用毛巾擦乾水分後，塗抹護髮乳。在濕濡的頭髮上，護髮乳成分會和水一起流失，必須注意。

以Inbath&Outbath雙重使用護髮用品

要沖洗掉的Inbath的護髮用品，在修補頭髮內部受損上具有高效果；Outbath，則是在保護頭髮上擁有卓越效果。以雙重的使用，變成有光澤的理想頭髮。

Inbath

●（左）LUX Energysupple Essence（U）

Outbath

●（右）TSUBAKI護髮乳（資）

近來，是否很擔心掉髮……

排除未來不安的稀疏頭髮對策

對男性而言，稀疏的頭髮，會成為嚴重的問題。即使自己擔心得不得了，但問題還是解決不了！從開始擔心時，就著手保養是很重要的。

對稀疏頭髮有效而獲得好評的髮梳按摩＆穴道按壓

「啊？最近頭髮變稀疏了」，對於有此感覺的您，向您推薦對稀疏頭髮有效的輕鬆技巧。

促進血液循環＆提高新陳代謝的髮梳按摩

這是能提高頭皮代謝的稀疏頭髮對策。利用髮梳梳理，可去除頭髮的污垢，因此在洗髮之前要先進行。

由中往外來梳。

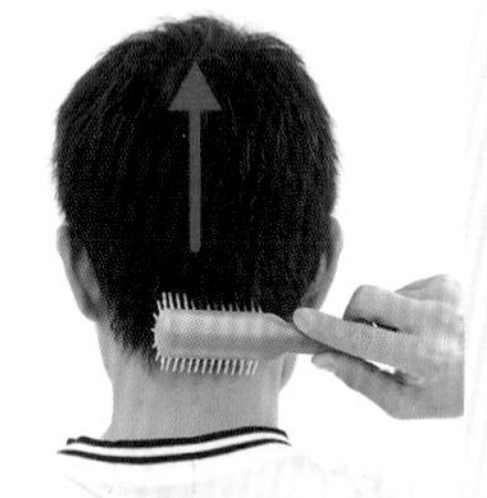

以下⇒上，和頭髮髮流相反的方向來梳。

在此注意！

沿著頭髮的髮流先梳頭髮，再開始按摩。

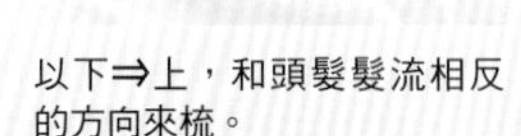

確認造成稀疏頭髮的原因

造成頭髮稀疏的原因，以自己的努力治癒的情形頗多。對稀疏頭髮苦惱的人，須確認以下事項。

- **營養不足**
- **睡眠不足**
- **吸菸、喝酒**
- **頭皮受損** 等等

使頭髮有活力！穴道按壓

對阻止稀疏頭髮有效的穴道，就是「百會」。馬上刺激看看吧！

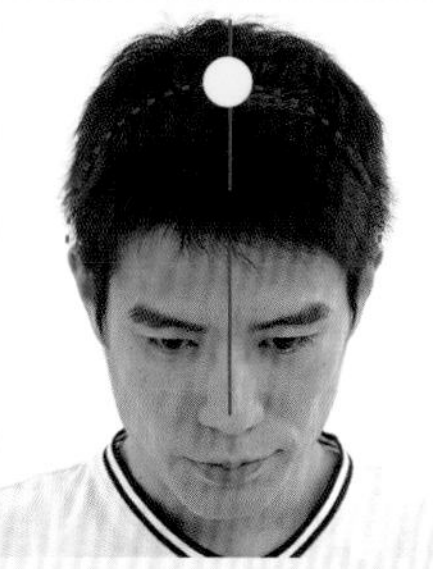

用指尖抵著，慢慢活動給予刺激。

穴道的位置

顏面的中心線和兩耳連接線交叉的地方，就是「百會」的穴道。

透過現在的對策，將對未來有很大地改變！

所能想到的原因各式各樣的稀疏頭髮，在預防上是有困難的。「啊？最近，掉髮越來越多……」如果開始有這樣的感覺時，從這一天開始好好保養頭髮是很重要的。

頭髮嚴重稀疏的人，乾脆利用髮型改變形象也是有效的。

KEYPOINT

滿分5顆★

□每日的照護
【★★★★★】

□改變髮型
【★★★★☆】

□不要氣餒
【★★★★☆】

如果以為無法可施而放棄，只會加速稀疏頭髮的進行。

依稀疏頭髮的類型別作掩飾的髮型秘訣

認為羞於見人，而僅掩飾稀疏部位的髮型，反而有更加醒目的情形。以自然，若無其事地做造型為重點整理。

額頭稀疏類型

這類型的特徵

- 額頭寬廣
- 容易看出
- 不容易掩飾

越掩飾越醒目！讓頭髮自然往下

想留長側邊或頭頂部分來掩蓋，反而更容易看出。讓瀏海和側邊自然往下，變成髮尾有活動力的造型。

側邊稀疏的類型

這類型的特徵

- 左右的額頭稀疏
- 看側臉時醒目
- 日本人居多

不要以側邊的長度作掩飾，剪成稍短的髮型

不要以側邊的頭髮長度來蒙混，稍短的髮型反而適合這類型。瀏海自然往下，整體感覺會比較多。

頭頂稀疏類型

這類型的特徵

- 頭頂部稀疏
- 不容易看到
- 飲食生活以肉類為中心

以重新評估飲食生活&頭頂的髮量來對應！

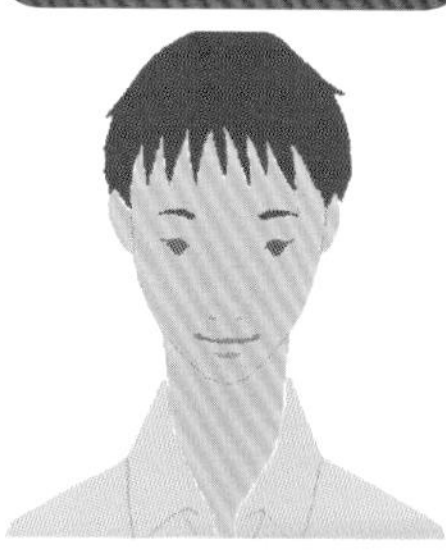

以側邊的頭髮拙劣地掩蓋時，會變成所謂「條碼」的狀態。以頭頂的髮量為基準，均勻梳理頭髮的髮型。

為頭髮煩惱的No.1

重新評估洗髮方法是頭皮屑對策的最佳捷徑

掉落在西裝肩膀上的頭皮屑非常顯眼，會帶給他人強烈的邋遢印象。學習頭皮屑的對應法吧！

俐落技巧

立即了解重新評估的要點！頭皮屑對策的洗髮方法

尋找頭皮屑的原因時，發現多數的原因是出自錯誤的洗髮方法。確實檢查重新評估要點。

洗得過度或不足都不行

是否過度洗髮呢？

⇒頭皮需要適度的皮脂，而且過度洗髮會有傷害頭皮的情形…

認為頭皮屑＝不潔而過度洗髮，可大有人在。但別忘了，頭皮需要某程度的皮脂。

是否確實洗淨洗髮精呢？

⇒未完全洗淨是頭皮屑的主因，也會發生毛孔阻塞的問題…

未完全洗淨是變成頭皮屑的始作俑者。這是形成頭皮屑的最大原因，需多加注意。

「啊～頭皮屑？…」察覺到時，就要確實重新評估洗髮方法！

POINT

確認清洗的部位，仔細清洗頭頂部、前頭部

重點清洗皮脂分泌多的頭頂部或前頭部，即可防止頭皮屑。洗髮時多加留意。

正確的洗髮方法是防範頭皮屑的對策

多數男性在保養頭髮上須留意的重點，就是頭皮屑。解決方法，就是從重新評估每日的洗髮方法開始。

可是，即使重新評估洗髮方法也無法消除頭皮屑時，就要了解自己的頭皮屑類型，再依類型做個別的保養。

KEYPOINT 滿分5顆★

- □重新評估洗髮方法【★★★★★】
- □了解頭皮屑類型【★★★★★】
- □適合自己的保養【★★★★★】

正確了解頭皮屑，採取適合自己的對應法！

基本技巧 Basic technic

學習個別類型的頭皮屑對策

頭皮屑症狀有2種類型。了解自己的頭皮屑是屬於哪種類型，然後採取符合的對策，才是有效的保養。

油膩類型

頭皮的保養不足，累積在皮脂上所形成的頭皮屑類型。放置不管，就很有可能變成皮膚病！

原因
- 未洗淨洗髮精
- 洗髮不足
- 殘留造型劑
- 不潔的寢具等等

對策 **洗淨累積在頭皮的皮脂，保持清潔感**

用手觸摸頭皮感到油膩黏黏的，危險性就大了！油膩類型頭皮屑的人，重新評估每日的洗髮是很重要的。此外，集中洗淨毛孔的毛孔清潔劑，也是非常有效。

乾燥類型

乾燥的皮膚脫落，變成頭皮屑的類型。頭皮失去適度的皮脂，變成乾燥的沙漠狀態為主因。

原因
- 過度洗髮
- 高熱的吹風機
- 強烈紫外線
- 睡眠不足
- 精神性傷害等等

對策 **減少洗髮，給予頭皮適度的皮脂**

頭皮完全沒有皮脂，就會發生頭皮屑！乾燥類型頭皮屑的人，減少洗髮也是方法之一。此外，與其使用吹風機吹乾頭髮，不如使用毛巾乾燥較為理想。

POINT

留意維他命不足！

您知道缺少哪些維他命會形成頭皮屑嗎？答案就是維他命A和維他命B 。透過營養補充劑或均衡的飲食生活，確實補給維他命。

斷絕難聞氣味，添加香味

目標頭髮飄香的男人！油膩&氣味對策

頭髮的油膩，多數會成為氣味的原因。排除油膩的原因，進行添加香味秘訣的正確保養。

俐落技巧

消除頭髮令人討厭的氣味！添加香味秘訣

以下介紹能立即出現效果，添加香味的秘訣。學習符合女性愛好的香味，目標是散發迷人香味的男人！

technic 1 雙重使用洗髮精&潤絲精可以達到效果

洗髮精和潤絲精以使用同系列的產品為基本。不同香味的組合，會使香味效果減半。

technic 2 噴頭髮香水

能夠快速添加香味，非常便利的頭髮香水。在做好髮型後噴一下，頭髮就會散發香味。

technic 3 在外出地頭髮發出氣味時，就有乾洗來解決

在外出地或留宿在公司時，遇到狀況而採取應急用品的，就是不用水洗髮的乾洗。

●Fresh Dry Shampoo Spray（資）

POINT

您知道女性喜愛的洗髮精香味嗎？

以下是吸引女性的人氣香味。
立即確認吧！

- **薰衣草**
- **薄荷**
- **茉莉花**
- **迷迭香** 等等

KEYPOINT 滿分5顆★

□清潔頭皮的污穢
【★★★★★】
□添加香味的照護
【★★★★★】
□柔和清洗頭皮
【★★★★☆】

頭皮的清潔固然重要，但必須留意處理法。

頭皮的污穢是一切的元凶！

在外出地頭髮沾惹令人討厭的氣味，追究主要氣味的原因時，發現是使頭髮變油膩的頭皮污穢所致。

頭皮油膩的人理所當然必須處理，而最近察覺有氣味的人，都要留意保持頭皮的清潔。

基本技巧 Basic technic　洗淨毛孔污穢的毛孔清潔劑

對洗淨累積在頭皮的皮脂或污穢有益的，就是毛孔清潔劑。連毛孔都可以確實洗淨。

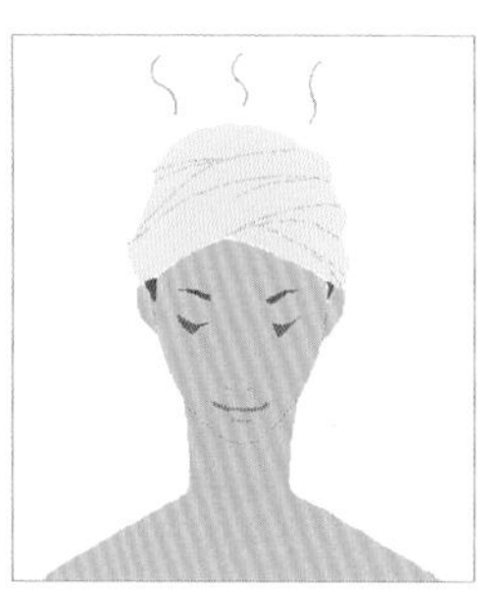

包裹熱毛巾使頭皮的毛孔張開

用熱毛巾包住頭約3分鐘。一旦加溫，頭皮的毛孔就會張開，就容易洗淨污穢。

活用具有清潔毛孔效果的洗髮精

不是使用一般的洗髮精，而是使用具有清潔毛孔效果的洗髮精，清潔毛孔污穢的效果顯著。

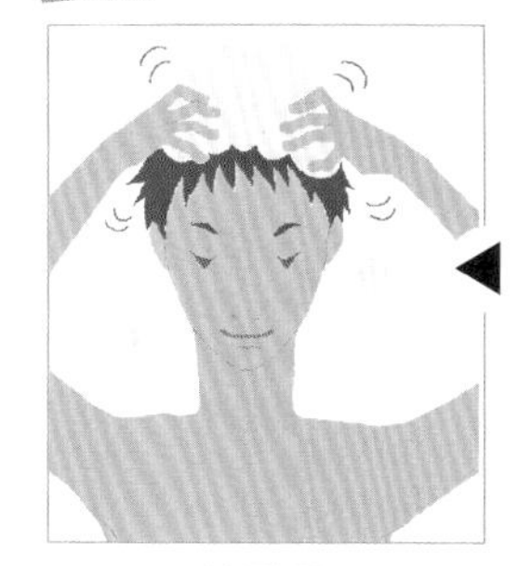

洗髮要輕柔搓洗

比通常的洗髮多花點時間的來洗髮。輕柔搓洗頭髮，亦可促進血液循環。

POINT

以藥用護髮水來保養

最後，抹上藥用護髮水。如此可保持清潔的毛孔。頭皮油膩的人可嘗試看看。

推薦的商品

●SEA BREEZE清潔毛孔／可洗淨僅使用洗髮精所無法洗淨的頭皮或毛孔的污穢。（資）

他人看來會較老態的頭髮問題

以染髮變優雅的白髮對策

形成白髮的原因眾多，要找出原因則有些困難。
染色，是對白髮的確實對策。

即效染白髮！染髮膠

能夠輕鬆染白髮的用品較為方便的是染髮膠（短暫染髮劑）。是緊急時推薦使用的用品。

染髮膠的使用法

針對白髮部分！

擠少量染髮膠在手上，以在意的白髮部分為重點來塗抹。要點是不要塗抹過多。

優點＆缺點

優點

- 可就重點作整理。
- 染髮方式簡單。

缺點

- 洗髮就褪色。
- 由於是凝膠，會有油膩感。

在此注意！

頭髮沾有水分，染髮膠就會流失。務必乾燥時使用。

不知不覺中出現！
因染髮膠所引起的衣服污垢

抹上染髮膠之後，暫時放置等待乾燥極為重要。沒有等染髮膠乾了就換衣服，而弄髒衣服的情形出乎意料地多，必須注意。

避開形成白髮的原因，學習染髮的方法

年齡的增長、壓力、不規則的飲食生活、胃腸疾病等等，形成白髮的原因繁多。因白髮而苦惱的人，邊注意這些原因，邊學習「染髮」的方法。

只要確實保養，就不會因白髮而顯現老態模樣。

KEYPOINT 滿分5顆★

☐染白髮有效 【★★★★★】

☐改變髮色 【★★★★★】

☐確認原因 【★★★★☆】

染白髮有各種的類型，須做確認。

持久類型的染髮

可讓染色維持長久的是，染髮劑＆染白髮洗髮精。推薦整頭白髮的人使用。

染白髮洗髮精

慢慢地使白髮變得不顯眼

在使用後，可以慢慢讓白髮變得不顯眼的，就是染白髮洗髮精。和一般的洗髮精一樣洗髮就OK。

●染黑洗髮精／和染黑的HAIR PACK、乳霜一起使用更有效果。（黑）

WEAK POINT〉〉

・沒有即效性是缺點。最快也要數週。

染髮劑

只要染1次就能長久保持黑髮

只要染1次，至少可維持約2個月的黑髮。

WEAK POINT〉〉

・染髮劑所含有的成分，有傷害頭髮、損害頭皮的情形。

以染色巧妙掩飾白髮！

以灰色等穩重的顏色染髮時，不僅可掩飾白髮，而且可添加時尚感。

以深色染白髮！

把白髮染成深色的，就不會很醒目了。如果染黑，有無法轉變顏色的情形。

⇒以穩重色染髮，可演出時尚感！

因白髮苦惱時，就乾脆染髮。只要是穩重的色調，即使是社會人士也ＯＫ。若無其事地改變顏色，演出時尚感，也可作為白髮的對策。

邁向有自信的頭髮！

擁有理想的頭髮！洗髮精&護髮用品

如果認為所有的洗髮精都一樣，就大錯特錯了，使用哪種洗髮精，在洗髮後會有很大的差異。

俐落技巧

立即了解！依使用目的選擇洗髮精&護髮用品

希望顯現清潔感、希望出現光澤等，個人希望的頭髮各有不同。那麼，您希望的是哪一種的頭髮呢？

讓頭髮蓬鬆柔軟

以洗髮精&護髮用品，回復理想的頭髮。

集中保養變成健康的頭髮

●（左）SEAWEED RICH保養受損洗髮精、（右）SEAWEED RICH保養受損護髮用品／集中保養受損的頭髮，變成健康的頭髮。（Ho）

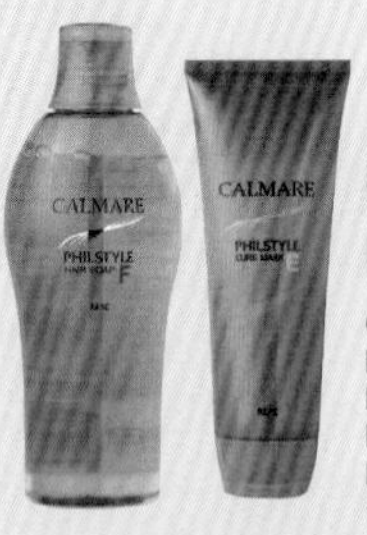

變成容易造型的頭髮

●（左）CALMARE PHILSTYLE HAIR SOAP F、（右）CALMARE PHILSTYLE CURE MASK E／邊保護受損邊控制髮質。（Rea）

洗淨頭皮的污穢&修補受損的頭髮

●（左）多芬 保養受損洗髮精、（右）多芬 保養受損護髮用品／邊修補受損的頭髮，邊淨化頭皮。（U）

以滋潤成分變成柔潤的頭髮

●（左）modshair洗髮精、（右）modshair護髮用品／滋潤成分確實滲透頭髮，變成有光澤的頭髮。（U）

依使用目的選擇洗髮精&護髮用品

挑選洗髮精或護髮用品時，必須選擇對自己「要求」的頭髮含有有效成分的種類。

如果認為「經常都是使用這一種……」而輕易決定時，將使購買的洗髮精&護髮用品效果減半。

KEYPOINT 滿分5顆★

□依使用目的挑選【★★★★★】

□照護受損極為重要【★★★★★】

□利用高機能產品【★★★★☆】

挑選對自己的頭髮最好的種類。

修補受損的頭髮

絕對不可對受損的頭髮置之不理。必須立即修復受損。

修復染髮的受損

●（從左）House of Rose Color Lasting洗髮精、House of Rose Color Lasting Rinse／使染髮後受損的頭髮也能發出光澤。（Ho）

從頭髮的內側修補傷害

●LUX護髮用品／防止斷髮，變成觸感柔滑的頭髮。（U）

高機能護髮用品

若要進一步的提升修護的效果，建議使用高機能修護劑。在這裡介紹效果更好的產品。

變成容易整理的頭髮

●酪梨油護髮霜／酪梨油可抑制蓬亂，產生分量感，變成容易整理的頭髮。（U）

硬的髮質也能變成柔滑的頭髮

●Nanolabo Deep Treatment S／超微粒子絲纖蛋白質滲透頭髮，修復受損。即使是硬的髮質，也能變成柔滑的頭髮。（U）

仔細挑選，目標是柔滑清爽的頭髮！

為了鬱悶苦惱的您

解決困擾頭髮的煩惱！洗髮精&護髮用品

掉髮、頭皮屑、頭髮的油膩&異味等頭髮的煩惱，一言難盡。
別苦惱，重新評估洗髮精&護髮用品。

1分鐘技巧！ 1min

立即了解！依不同煩惱選用的洗髮精&護髮用品

有關頭髮的毛病會因人而異。透過有效果的洗髮精&護髮用品，解決個別的煩惱。

擔心變成稀疏的頭髮

對於「稀疏頭髮」的煩惱，當機立斷以這種洗髮精&調整液來解決。

保護頭髮的健康！

●Reve-21Acty Shampoo-R（300ml）／以大半成分為天然成分的洗髮精，維持頭皮的健康，給予頭髮營養和彈性、張力。（Mo）

常保健康的頭皮

●（左）Scalp Conditioner-W（右）Scalp Conditioner-B／以植物成分的Conditioner，保持頭皮的健康。（Mo）

頭髮已經稀疏…這種人就使用生髮劑

即使想盡辦法防止掉髮，但很遺憾，還是有頭髮變稀疏的情形。遇到這情形，就利用生髮劑。

●（左）Success藥用Flubesight／可以達到促進生髮、預防掉髮雙重對策的產品。（花）
●（右）資生堂藥用Adenogen／具有促進生髮、育髮、養髮、預防頭髮稀疏、頭皮屑、發癢、掉毛等各種效果。（資）

依煩惱別 選擇洗髮精&護髮用品

以平日的洗髮和頭皮按摩等預防頭髮的毛病當然重要，但基本上，還是在於洗髮時的洗髮精&護髮用品。

配合您的煩惱來挑選，解決頭髮的毛病。

KEYPOINT 滿分5顆★

□依不同煩惱挑選
【★★★★★】

□重新確認問題的原因
【★★★★★】

□每日使用
【★★★★☆】

每日使用對問題有效的產品，將使效果更加彰顯。

希望消除頭皮屑

希望解決掉落在西裝上的頭皮屑問題。

綜合保養頭和頭皮

●（右）PreRiUP Scalp Shampoo（左）／PreRiUP Hair Conditioner／整頓頭皮的環境，預防頭皮屑或發癢。外用醫藥品。（大正）

去除污垢，變成清爽的頭皮

●LUCIDO去除皮脂藥用洗髮精／洗淨頭皮的污垢，變成沒有頭皮屑的頭髮。（Man）

油膩&異味

無論油膩或異味，都是以頭皮的污垢為主因。這些產品可清潔頭皮。

連頭皮都清爽

●（左）Success藥用洗髮精（右）Success潤絲精／保持頭皮和頭髮的健康。（花）

POINT

以洗淨毛刷清潔各處！

一舉洗淨阻塞毛孔的皮脂或頭皮的污垢。可以邊洗邊按摩，亦可促進頭皮的血液循環。

●Success頭皮清爽洗淨毛刷。（花）

快速完成理想的髮型！

立即決定！造型的基本技巧

步入社會，成為上班族以後，就不能再以學生的優哉心情慢慢整理！以下教導快速決定髮型的技巧。

1分鐘確認 符合臉型的髮型！

關於臉型，大致可分為以下4種類型。留意符合自己臉型的髮型，是基本中的基本。

圓形臉

選擇縱向的髮型

因娃娃臉會給人幼稚印象的圓形臉。以豎立頭頂、豎立瀏海等選擇縱向的髮型較為理想！

本壘板型

抑制擴張的面腮

寬闊的下顎使臉部失去平衡，就是本壘板型。以徹底修剪耳朵周邊的髮型，顯出「清爽感」，即可有效抑制突出的面腮。

長臉

瀏海往下，緊縮整體

給人縱向拉長壓扁印象的長臉型。讓瀏海往下，可緊縮整個臉。

倒三角形

將後面的髮尾散開，掩飾尖細的下顎

下顎小又細的三角形臉，會給人稚嫩的印象。讓耳後的髮束變細，像是可以從正面看到一樣向外側拉，以掩飾尖細的下顎。

在一連串的流程中有一些小技巧

作造型要從打濕頭髮開始，接著有毛巾乾燥、吹風機乾燥、造型等一連串的流程。規畫在一連串流程中的造型技巧，快速完成理想的髮型。

如此可大幅縮短做造型的時間！

KEYPOINT 滿分5顆★

□學習流程 【★★★★★】

□關鍵在吹風機 【★★★★★】

□依臉型＆髮質別 【★★★★★】

了解符合自己的髮型，沿著一連串的流程進行。

基本技巧 Basic technic

了解造型的流程！

造型的流程，是打濕⇒乾燥（作基礎）⇒造型的工程。無論哪一個步驟都不可輕忽。

1 打濕頭髮，排除亂翹

以噴霧等先打濕頭髮，排除亂翹的頭髮。

2 用毛巾乾燥到半乾

用毛巾乾燥，把頭髮擦拭到半乾。

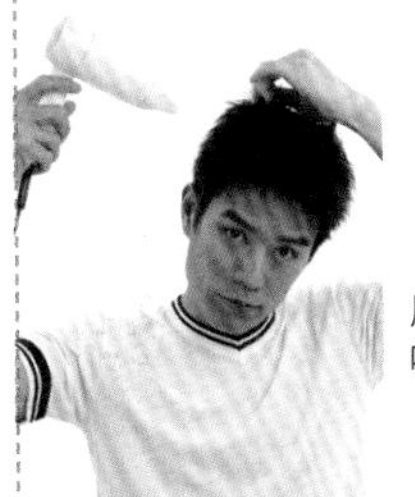

3 用吹風機吹乾到7～8成

用吹風機把整個頭髮吹乾到7～8成。

4 用造型劑做造型

取一點造型劑在手上，在頭髮上做造型。

邊以吹風機吹乾頭髮，邊製作造型的基礎極為重要！

有人認為，造型是從使用造型劑才開始，有此錯誤觀念的人竟然出乎意料的多！造型必須在用吹風機吹乾頭髮時，形成某程度的基礎是很重要的。

再推一步的技巧

透過使用吹風機的技巧，形成造型的基礎！

能夠聰明使用吹風機，就更容易做造型。請確實學習吹風機的使用法。

START

打濕頭髮，再以毛巾乾燥

吹風機必須在用水打濕頭髮、用毛巾乾燥到半乾以後才開始使用。

POINT

左右雙手平均地使用吹風機

只以單手使用吹風機，左右兩邊的造型容易不均…請以左右手平均地進行吹整。

瀏海不要浮起，自然往下

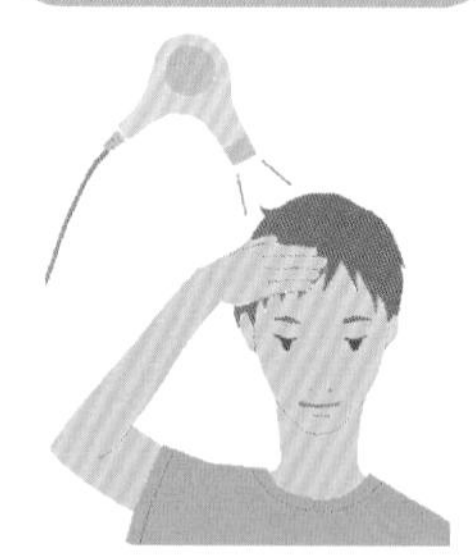

輕輕壓著瀏海來吹。此時，吹風機要邊左右慢慢地擺動，邊從上面吹。

抓住頭髮顯出分量

把頭髮整束抓住，用吹機從下面吹。此時，想像灌入空氣般來進行為要訣。

緊縮蓬鬆的頭髮

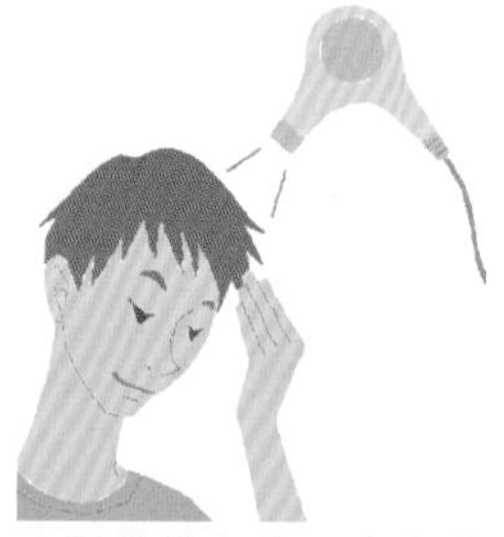

吹風機從上往下吹為基本。用手指抓住在意的部分，壓著頭髮來吹。

POINT

增加時髦感的吹風機技巧

自然不做作髮型

邊用手指搓揉頭髮邊吹。想像在髮根形成空氣感般來進行。一點一點擺動送風口為要點。

髮尖向外翹

用手指抓著髮尖，先讓頭髮往外翹，再把熱風吹向翹的支點。最後用造型劑固定就OK。

依不同髮質的髮型

即使花費再多的時間，還是無法作出符合自己髮質的造型，就不能完成出色的髮型。

髮量多且粗的類型

⇒把頭髮整理成小型

髮質太粗，會使髮量增加，而很有分量感。因此，要把頭髮整理成小型。

造型重點

1 以髮根為中心塗抹造型劑。

2 配合頭作成小型。

髮量少且細的類型

⇒形成動感增加分量感

髮質細，髮量又少時，整體看起來會顯得很單薄。因此，要增加動感，使頭髮有分量感。

造型重點

1 整個頭塗抹造型劑。

2 以豎立頭髮的感覺作造型。

翹髮類型

⇒以緊縮抑制翹髮

頭髮乾燥時，翹來翹去的頭髮很不容易整理。利用濕潤類型的髮蠟緊縮頭髮，抑制亂翹。

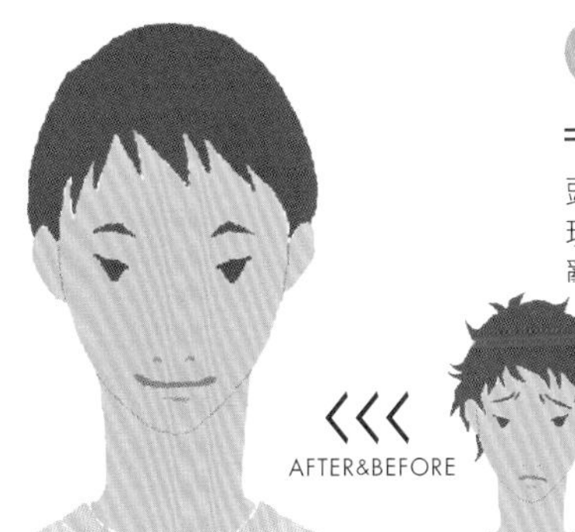

造型重點

1 整個頭塗抹濕潤型的造型劑。

2 翹得嚴重的部分，要確實整合。

種類豐富的整髮用品

決定造型！「髮蠟」大介紹

種類豐富的髮蠟，是在整髮用品中最容易使用的一種。依不同類型分開使用，僅使用髮蠟即可充分作出造型。

確認各類型的特徵 髮蠟一覽表

種類豐富的髮蠟，是在整髮用品中最容易使用的一種。依類型別分開使用，僅使用髮蠟即可充分作出造型。

硬型

滋潤型

清爽型

柔軟型

透過有光澤的類型 確實固定髮型

以不油膩，有光澤的類型，確實固定髮型的種類。可實現頭髮滋潤，且具有維持力的髮型。不過，髮蠟塗抹過多，反而不好看。

確實固定，長時間保持髮型

固定髮型，接著變成具有維持力的種類。豎立髮根，或豎立瀏海等非常好用。若要長時間保持髮型，建議使用這一種類型。

柔合的動態為最佳，有光澤不做作

確實顯現光澤，適度整理髮型的種類。最適合使用於有揉合動感的髮型。作成輕柔髮型的最佳種類。

有「自然」感 髮型NO.1

有豎立感，形成動態的種類。整理成不做作頭髮的自然感。堅持「自然」感，首推的種類。

髮型自由自在的髮蠟新時代！

在整髮用品上，有凝膠、慕絲、噴霧等各式各樣的種類，現在已經沒必要分開使用了。因為，只要擁有一種富有多變化的髮蠟，即可自由自在享受髮型的樂趣。

熟知髮蠟，對造型大有助益。

KEYPOINT 滿分5顆★

- □了解髮蠟的特徵【★★★★★】
- □依不同髮型挑選【★★★★★】
- □做各種嘗試【★★★★☆】

了解髮蠟的特徵，實際嘗試，找出最佳的種類。

1分鐘技巧！ 1min

依不同種類的建議！髮蠟一覽表

想要決定自己喜歡的造型，請挑選適合的髮蠟吧！只要以髮蠟就可以自由自在地塑型。

硬型

滋潤型

清爽型

柔軟型

緊縮的造型

●Spice Design Athlete X'GREASE（硬型）／具有調配保濕的成分，非常容易使用。因為是硬型，在想做緊縮造型時容易使用。（Ari）

扭轉、整束、抓翹等調節力超群！

●SAMOURAI造型髮蠟／具有卓越調節力的凝膠型，可任意扭轉、整束、抓翹。亦有防止褪色的效果。（S）

塗抹頭髮變成自然滋潤的頭髮

●UNO WET FIBER／以綜合保濕性成分塗抹頭髮，實現不油膩、自然滋潤的頭髮。（資）

●GATSBY Moving Rubser Air Rise／實現如同含有空氣般柔軟有彈力的動感。以柔滑有力的整髮力，可維持長時間的清爽感。（Man）

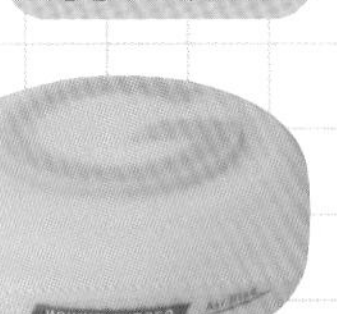

實現柔軟有彈力的動感

保持清爽整潔的髮型

在自家的簡單自我剪髮

長長的頭髮，要勤於自己剪髮。
即使不上理髮廳，自己也能做到。

俐落技巧

能快速自己剪髮的順暢2步驟

以確實的步驟自己剪髮，才是周到且能順利進行的秘訣。

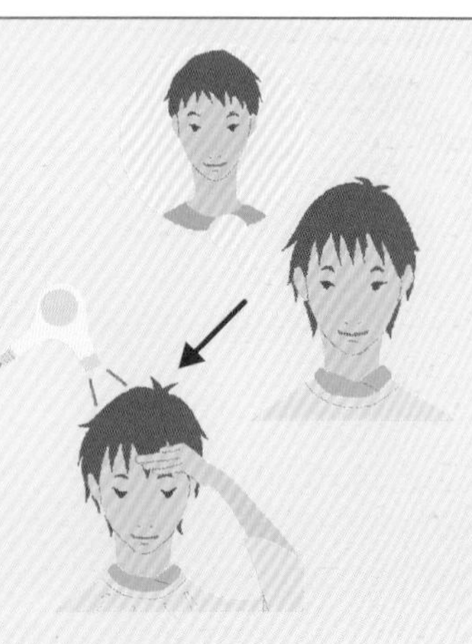

STEP 1 想像修剪的造型

事先確實想像要剪成多長。如果沒有先做想像，在修剪當中可能會產生困擾。

STEP 2 先打濕，排除翹髮

在亂翹的狀態下，不容易了解長度，也就無法修剪成平均的長度。在修剪之前先打濕，把亂翹的部分先弄齊。

POINT

修剪成比自己理想的長度稍長一點為基本

只要剪刀一剪，就無法回復原狀。因此，以自己想要的長度稍長一點來修剪。

在此注意！ ⚠ 鏡子務必放在正面

把鏡子放在桌上等，會像偷窺一樣朝下面看來剪髮，結果會演變成修剪過度。鏡子務必放置在和視線平行的位置。

學習不會失敗的秘訣

如果對長長的瀏海感到不舒服，或者側面的頭髮太長蓋住耳朵等，感到有些在意的程度，能以自我剪髮充分對應。

自己剪髮時，首先要確定剪好之後的形象，然後一點一點修剪為要訣。一旦失敗就無法重來，必須注意。

KEYPOINT 滿分5顆★

- □學會順序【★★★★★】
- □一點一點修剪【★★★★★】
- □修剪前先有形象【★★★★★】

先擁有修剪後的形象，再開始一點一點修剪。

在自宅可做到！自我剪髮術

在意長得稍長的長度時，建議自己修剪來改善。

1 用髮梳比出修剪後的形象

用髮夾固定側髮，再用髮梳把頭髮上下梳一梳，形成理想長度的形象。

2 保留稍長一點的瀏海修剪

把瀏海保留長一點來剪為基本。把頭髮邊向下拉引邊剪。

3 完成自然的瀏海

把瀏海整束夾著，一點一點修剪，形成自然的感覺。

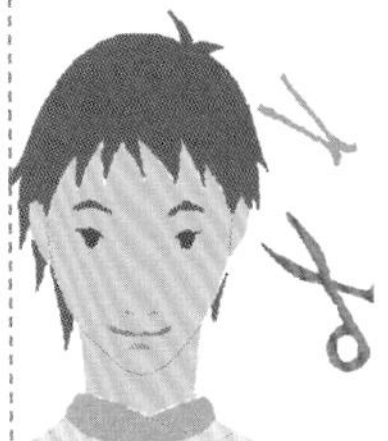

4 拿下髮夾，調整側面

拿下髮夾，邊和瀏海調整，邊微微調整側髮。

把剪刀縱向插入

把剪刀橫向來剪，會有把頭髮剪得不自然的情形。必須把剪刀縱向插入來剪。

在此注意！⚠

要注意，切勿調整過度！

髮型有某程度自然的不整齊感，看起來會比較好看。如果太整齊，反而會顯得不自然。

提升一級

修剪瀏海改變臉孔的印象

瀏海可以大幅改變臉孔的印象。修剪瀏海，自由地改變您的印象看看吧！

髮量變少，看起來敏捷

任何人都適合的造型，把髮量變少的瀏海修剪。如此可讓臉孔變得敏捷。用打薄剪刀把髮量變少。

剪得稍長，顯現酷&性感

臉部露出的面積變小，小臉效果高的長度修剪。想要擁有酷和性感印象的人，建議這種剪法。

剪得稍短，變成清爽的印象

如果想以清爽的印象提高好感度時，就修剪短一點。當然可以往上立起，也能向左右梳，可享受各種的安排。

POINT

用打薄剪刀調節髮量！

調節瀏海的髮量，不是使用一般的剪刀，而是使用打薄剪刀。要知道一般的剪刀是修剪線條時使用，至於打薄剪刀是以細微活動來調節髮量。
⇒打薄剪刀的使用法，參考左頁（P133）！

在此注意！

修剪瀏海的注意事項

瀏海若是剪得過多就無法回復原狀。絕對要遵守以下2項要點。

■比理想長度長1cm來修剪

修剪時不要以和理想符合的長度來修剪。要以大約長1cm的長度來修剪。

■修剪之前，先模擬練習

先用髮梳仔細模擬長度和髮量。先確認幾次是很重要的。（作法參照P131）

再推一步的技巧

使用打薄剪刀調節髮量

髮量太多，就不容易做造型，會給人看起來蓬亂的印象。使用打薄剪刀作調節！

顯出束感的打薄剪刀

一邊的刀刃形成梳子狀，為了梳髮用的剪刀。這是自己剪髮時須擁有的一把用具。

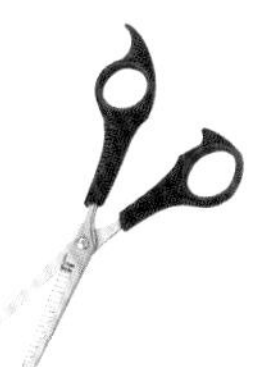

打薄剪刀的拿法

和一般的剪刀不同，把無名指插入一邊的洞，拇指插入另一個洞。剪的時候，活動拇指。

打薄剪刀是依髮根、中間、髮尾的順序來剪

抓著髮束，在髮根、中間、髮尾各剪一次為基本。如果集中一個地方打薄，看起來就會向洞一樣空空的。

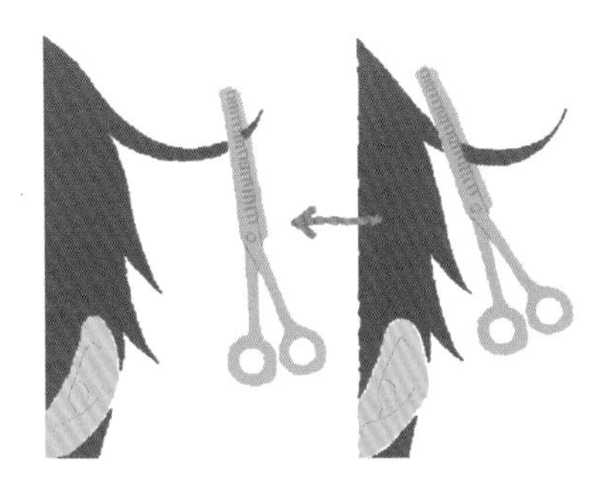

大膽插入打薄剪刀，顯出較大的髮束

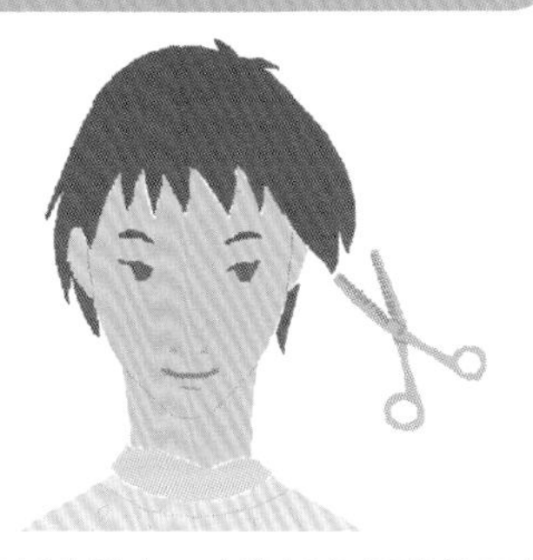

大把抓著髮束，大膽插入打薄剪刀來剪，就能形成束感。如果一點一點修剪，就難以顯現束感。

想要有自然感，就把頭髮扭著來剪

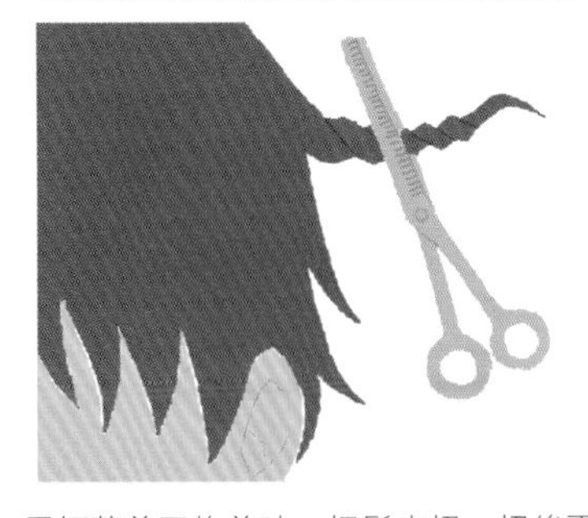

用打薄剪刀修剪時，把髮束扭一扭後再剪，髮束會變得很隨意，形成不做作的味道。

顏色的搭配性沒問題嗎？

找出適合顏色的染髮術

依染髮的程度，可大幅改變您的氣息。在染髮之前，首先尋找適合自己的顏色。

1分鐘技巧！ 1min

能一眼看出適合自己肌膚的顏色的技巧

即使有「想要染成這種顏色」的想法，若是不適合自己臉部的膚色，反而會降低男子氣概。

蒼白的白肌膚類型

⇒選擇灰色系

予人中性印象的「白色肌膚」的人，選擇和肌膚氛圍相符，具有沉穩感的褐色系。

POINT

對於白色肌膚，大膽使用華麗的紫羅蘭色系！

白色肌膚，有時會給人不健康的印象。為此，選擇色調強烈的紫羅蘭色系，可讓肌膚變得明亮。

小麥色的健康肌膚類型

⇒選擇柳橙色系

運動員類型的「健康肌膚」的人，選擇接近肌膚系統的橘色系。能夠顯現明朗、活潑的氣息。

POINT

和健康形象相反的褐色系，搭配性亦佳！

和肌膚有對照性暗沉感的褐色系，會留有健康形象，且能增加大人成熟的品味感。

了解顏色所具有的形象，選擇適合自己的顏色

褐色系具有沉穩的形象，柳橙色系則有健康的形象，因顏色給予對方的印象會有很大的差異。

現在，確實把握自己所要的形象，正確選擇符合您的肌膚的顏色。

KEYPOINT 滿分5顆★

- □依肌膚類型選擇顏色【★★★★★】
- □了解顏色形象【★★★★★】
- □和頭髮顏色搭配【★★★★★】

適合的顏色未必和自己喜愛的顏色相同，必須注意。

學習顏色所具有的形象！

頭髮的顏色，在決定該人的印象上也是重要的因素。從顏色所具有的形象尋找理想的髮色吧！

顏色	色系	種類
黑色		**酷＆清潔感** 想要顯現冷酷印象的人，建議使用黑色。而且，可同時表現清潔感，提高好感度。
橘色		**溫柔＆健康性** 給人溫柔、健康的感覺。長相嚴肅的人，選用橘色，即可變成溫柔的氣息。
紅色		**高雅＆溫暖** 有品格，表現光澤感的最佳顏色，這是有溫暖感的色調，很適合秋冬寒冷時期。
褐色		**沉穩的成熟品味** 有暗沉感，整體而言給人沉穩成熟品味的形象。和稍微明亮的髮色的搭配性亦佳。
灰色		**洗鍊的高雅性** 灰色的色調，可演出高雅的時尚感。和褐色一樣同屬寒色系，具有沉穩、洗練的形象。
紫羅蘭		**有個性的時尚感** 具有時髦印象的形象。整個頭髮染成這種顏色，會讓個性變得過強，因此用挑染的方式為佳。

POINT

要訣是均勻染色

為了防止染得不均勻的最大要點，就是「速度」。染劑一旦乾燥，染色效果就會降低。總之，重點是要快速地塗上。

染髮的步驟

1. 快速塗上染劑。
2. 覆蓋保鮮膜，暫時擱置。
3. 取下保鮮膜，接觸空氣提高顏色的持久性。

社會人士睡醒亂翹的頭髮是不被允許的！

在匆忙的早晨，矯正睡醒亂翹頭髮的技巧

以早晨起不了床當藉口，沒有矯正睡醒亂翹的頭髮就出門的社會人士，是有問題的。這是在匆忙的早晨很適用的技巧。

即使時間不足也沒問題即效矯正睡醒亂翹頭髮的技巧！

在早晨的頭髮造型上備感辛苦的是，矯正睡醒亂翹的頭髮。以下介紹能確實矯正頑固亂翹頭髮的技巧。

使用充分的水，從髮根弄濕頭髮

睡醒亂翹的頭髮，除非重新矯正亂翹之外，別無其他矯正方法。以頭髮的根部為中心，用噴霧器沾上充分的水，然後再乾燥。

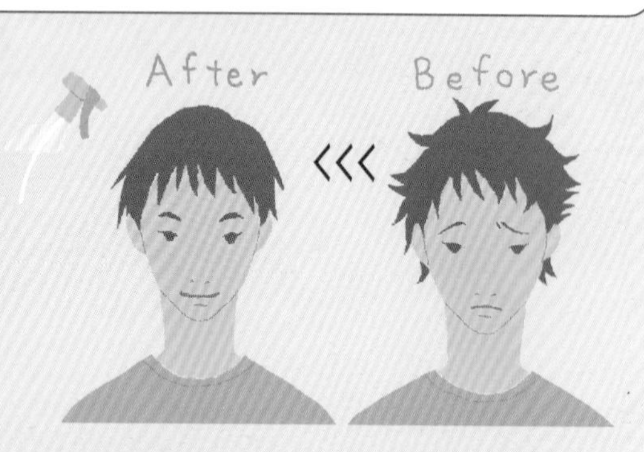

如此也無法矯正…遇到此時！

用熱毛巾包住頭

對頑固睡醒亂翹的頭髮有效果的是這種方法。用熱毛巾包住頭，暫時擱置。以約10分鐘為基準。

使用矯正睡醒亂翹頭髮用的整髮液

使用市售對睡醒亂翹頭髮有效的專用整髮液，也是方法之一。代替水使用，對頑固亂翹的頭髮有效。

就重點洗髮

用洗髮精洗頭，可矯正睡醒亂翹的頭髮。僅對睡醒亂翹頭髮的部分使用此法，以少量的洗髮精洗頭。

不能以起不了床為藉口!?

睡醒亂翹頭髮問題

「起不了床而沒時間矯正睡醒亂翹的頭髮」的說詞，是不為社會人士所接受的。一旦被烙上無能上班族的烙印，也是沒辦法的事。睡醒亂翹的頭髮，是除了重新矯正亂翹部分以外，別無其他的解決方式。務必學會不形成睡醒亂翹頭髮的預防對策。

KEYPOINT 滿分5顆★

□矯正亂翹頭髮
【★★★★★】

□頑固亂翹頭髮的對策
【★★★★☆】

□預防也很重要
【★★★★★】

解決＆預防睡醒亂翹頭髮的2階段方式相當有效。

以就寢前的1個技巧，防範睡醒亂翹頭髮

睡醒頭髮亂翹，是因為睡覺期間的睡姿所形成的。以就寢前的1個技巧，就有可能防範事情的發生。

頭髮充分乾燥後再就寢

濕濕的頭髮在乾燥的瞬間，會讓頭髮形成亂翹。如果以濕頭髮的狀態就寢，就會讓自己形成亂翹的頭髮。

用毛巾或帽子包住再就寢

就寢前，用毛巾或帽子包住頭再睡，是萬全的睡醒亂翹頭髮的對策。如此亦可控制髮量。

已經矯正的睡醒亂翹頭髮又復活！為甚麼呢？

早晨已經矯正的睡醒亂翹頭髮，在不知不覺中又復活，您有過這樣的經驗嗎？以下回答您的「？」。

原因是未確實矯正亂翹頭髮

把頭髮弄濕排除睡醒亂翹的頭髮，把重新塑造的髮型確實固定後，就不會有再復活的情形。會回復睡醒亂翹頭髮的狀態，就表示沒有確實矯正亂翹的頭髮。

POINT

外出時的緊急對策

在睡醒亂翹的部分沾水，抵住手帕等，使睡醒亂翹的頭髮能維持正確狀態。接著，擦乾水。但這只是緊急對策，無法矯正頑固的亂翹。

配合頭髮的長度進行！

以上班&假日形成「差異」的頭髮造型

屬於男人的魅力之一，就是「差異性」。
學習可大幅改變您的形象的頭髮造型。

配合臉型做安排即可改變！您的形象一覽表

如果了解能符合自己臉型來作安排，即可聰明掩飾您臉部的弱點。

 圓臉	**把頭頂或瀏海立起** 因整個臉圓圓的，容易給人稚嫩或女性的印象。透過安排，努力形成縱向的輪廓。 **稚嫩⇒成熟 女性化⇒男性化**
 長臉	**瀏海梳在額頭上** 額頭寬闊，和眼睛、鼻子有距離的臉型，會給人平面扁平的印象。把瀏海往下梳，掩蓋額頭。 **扁平⇒有角度 有個性的臉⇒正常的臉**
 本壘板型	**讓耳朵周圍變清爽** 下顎寬的四角形臉。眼睛鼻子呈現出的輪廓太大，讓整個臉變得很不協調。把耳朵周圍整理成很清爽的類型。 **粗獷輪廓⇒銳利的輪廓**
 倒三角型	**把髮尾變成橫寬** 因下顎細小，容易給人冷漠的印象。嘴巴也容易突出而不好看。因此，把髮尾向橫向寬面來安排。 **銳利的敏銳性⇒柔和**

POINT

對臉的自卑，也能透過安排來消除

臉型是無法改變的，但臉部的缺點卻能以髮型的安排來掩飾。實行左邊的表格，感受一下變化吧！

KEYPOINT 滿分5顆★

□確認頭髮的長度
【★★★★★】
□確認適合髮質
【★★★★☆】
□確認適合臉型
【★★★★☆】

以「適合」為第一，享受安排。

配合頭髮的長度做造型

髮型可以大致分為超短、短、長的3種類型。熟知各種髮型的優缺點，努力做出符合頭髮長度的髮型。此外，加上精通隨著上班、假日改變髮型，即可蛻變成和他人產生差異性的男人。

再推一步的技巧

清潔感超群！超短型

無論西裝型、假日型，二者都很適合的超短型。在維護上也很簡單容易。

整理瀏海，在頭頂部分保留頭髮，把側面和後面剪短，變得清爽。

超短型的優點！

「清爽感」看起來清潔

剪短的超短型，是以「清爽」為賣點。給予周圍的人清潔的印象。因頭髮短，容易清洗，維護上也容易的髮型。

無論上班&假日均可

不只是休閒的場所，連上班的場合也廣為接納的髮型。清爽的短髮，即使是高齡者也會有好印象，因此很適合上班族。

「適合的類型」

臉型	適合圓臉、長臉
髮質	普通或軟髮
髮量	較少為理想

ARRANGE

演出男人味！柔和的印第安髮型

把側面的頭髮整合在頭頂，即可作安排。若未使用具有理想造型力的髮蠟，會有髮型扁塌的情形發生。

POINT

依瀏海的上下，可改變形象！

因髮型極短，可依瀏海上或下的變化，產生較大差異。把頭髮往上，可顯現快活感，往下則可顯出內斂的清潔感。

再推一步的技巧

好感度高！最受歡迎的短髮

這是王道的髮型，可謂受萬人青睞的髮型。具有傳統性，因此可在安排上略作變化。

在整體上顯現輕盈為重點。尤其是瀏海的量不要過重。與其說修剪，不如說是帶有「透空」感覺的髮型。

短髮的優點！

最受歡迎的爽朗型

這是最基本的髮型，因此不論男女都擁有相當高的好感度，給人安心的髮型。正統派的這種髮型，會給周圍的人爽朗感的印象。

快樂地做造型

不會過長，也不會過短，有適度長度的短髮，比起長髮或極短，都容易快樂地作造型。

「適合的類型」

臉型	適合倒三角型、長臉
髮質	軟髮為佳
髮量	普通的髮量較為理想

具有童心，不做作的髮型

重視「自然感」柔軟類型的髮蠟，讓整個頭髮有動感。在細小的髮尖也有動感，提高時尚感。

整合頭髮，主張成熟感

整體上形成一種頭髮的流向，讓頭髮流向一方。呈現整合感，主張沉穩的成熟味。使用柔軟類型的髮蠟。

POINT

以大膽的頭頂顯現休閒感

短髮屬於正統性，以致於會形成普遍的型。在放假的日子，大膽豎立頭頂，形成動感，勇敢呈現和上班日不同的味道。

再推一步的技巧

演出大人感！長髮

改變造型，即可做出各種形象的髮型。給人髮束輕盈不厚重的印象。

為了不要有厚重的感覺，須調節髮量。把髮尾弄清爽，顯出輕盈。

長髮的優點！

可大膽作安排

頭髮較長，只要改變安排，即可大幅改變整體的印象。最能產生上班日和假日的「差異」。若想形成差異，建議留長髮。

溫柔的形象

長髮，具有「溫柔」的氣息。要特別留意頭髮的僵硬、分叉、蓬鬆，以利維持輕柔的頭髮。

「適合的類型」

臉型	適合本壘板型、倒三角型
髮質	軟髮或普通
髮量	普通或稍多的較為理想

把頭髮梳向側邊，形成整潔感

以柔軟的髮蠟，把頭髮梳向側邊。用吹風機從下面吹，適度灌入空氣時，就會產生蓬鬆輕柔的感覺。

時尚感超群的外翹

在髮尖部分抹上具有造型力的髮蠟，再用吹風機邊吹固定邊往外翹。瀏海以沉穩為要點。

POINT

稍微的燙髮，顯出大人味

充分活用好不容易才留下的長髮，稍微燙一下。頭髮有自然的動感時，就能確實提高大人味。不過，燙髮稍有錯誤，就會變成有違和感的髮型。務必和髮型師商量後再燙。

快速、簡單！

1分鐘專欄 3

1min Column

頭髮照護篇

多數的男性都誤解了「稀疏頭髮遺傳說！」父母、兄弟的頭髮稀疏，而您的頭髮未必就會變成稀疏。

Q 所有親戚的頭髮都稀疏。稀疏頭髮會遺傳嗎？

A 這是常聽到的傳聞，但完全是誤解！

「無論祖父或父親的頭髮都稀疏，自己的頭髮終有一日也會變稀疏……」如此擔心將來頭髮稀疏的人為數不少。「稀疏頭髮會遺傳」，如此誇張的傳聞，其正確性如何呢？

現在，尚未發現頭髮稀疏會遺傳的科學性根據。的確，如果祖父或父親的頭髮稀疏，繼承其基因之下，或許具有「可能變成稀疏頭髮的體質」。可是，這種想法並未獲得科學性的憑證。不要以為父母、兄弟的頭髮都稀疏，就對自己的將來懷抱不安。

變成稀疏頭髮的主要原因，有不勤於洗頭等的不衛生、使用和頭皮不合的洗髮精或燙髮、染髮等引起頭皮受傷的因素。此外，也有生病或受傷、壓力等心理性的打擊等等。不要受到完全沒有根據的遺傳說所擺弄，重要的是排除這些原因。

■協助採訪與贊助廠商

Aramisu
株式會社Arimino
株式會社Utena
株式會社SPR Japan
大塚製藥株式會社
貝印株式會社
花王株式會社
Clinique Laboratories株式會社
株式會社黑薔薇本舗
Kenkocom株式會社
資生堂（客服窗口）
資生堂藥品（客服窗口）
Schick Japan株式會社
Johnson and Johnson株式會社
Brown客服諮詢（Giletto Japan）
大三株式會社
大正製藥株式會社
Takamilabo
Touch六本木Hills店
DHC
株式會社日本齒科商社Healthtech
株式會社House of Rose
松下電器產業株式會社（National客戶諮詢中心）
株式會社Manner Cosmetics
株式會社Mandom
株式會社毛髮Clinic Reab21
Unilever Japan株式會社
Lion株式會社
Real化學株式會社
Rohto製藥株式會社

TITLE

時尚型男保養造型BOOK

STAFF

出版　三悅文化圖書事業有限公司
編著　MC PRESS
譯者　楊鴻儒

總編輯　郭湘齡
責任編輯　闕韻哲
文字編輯　王瓊苹
美術編輯　朱哲宏
排版　執筆者設計工作室
製版　興旺彩色製版股份有限公司
印刷　桂林彩色印刷股份有限公司

代理發行　瑞昇文化事業股份有限公司
地址　台北縣中和市景平路464巷2弄1-4號
電話　(02)2945-3191
傳真　(02)2945-3190
網址　www.rising-books.com.tw
e-Mail　resing@ms34.hinet.net

劃撥帳號　19598343
戶名　瑞昇文化事業股份有限公司

初版日期　2009年11月
定價　220元

國家圖書館出版品預行編目資料

時尚型男保養造型BOOK ／
MC PRESS編著；楊鴻儒譯.
-- 初版. -- 台北縣中和市：三悅文化圖書出版：
瑞昇文化發行，2009.10　144面；13×18.8公分
譯自：メンズケアSuperサポートBOOK

ISBN 978-957-526-889-3 (平裝)

1.美容

425　98018369